广州美术学院2017年创新强校项目"集教研、创新、创业三位一体教学模式研究平台建设——以工业设计为例（编号6049001757）"成果

设计创意与教学实例

余汉生　陈　瑶　卢秀峰　著

U0247307

岭南美术出版社

中国·广州

图书在版编目（CIP）数据

设计创意与教学实例/余汉生，陈瑶，卢秀峰著.—
广州：岭南美术出版社，2021.9
ISBN 978-7-5362-7340-5

Ⅰ.①设… Ⅱ.①余…②陈…③卢… Ⅲ.①工业设
计—教学研究—高等学校 Ⅳ.①TB47

中国版本图书馆 CIP 数据核字(2021)第 210558 号

装帧设计：陈　瑶
责任编辑：翁少敏

设计创意与教学实例

Sheji Chuangyi Yu Jiaoxue Shili

出版、总发行：岭南美术出版社（网址：www.lnysw.net）
　　　　　　　（广州市越秀区文德北路 170 号 3 楼　邮编：510045）
经　　　销：全国新华书店
印　　　刷：东莞市信誉印刷有限公司
版　　　次：2021 年 9 月第 1 版
　　　　　　2021 年 9 月第 1 次印刷
开　　　本：889 mm×1194 mm　　1/16
印　　　张：11.75
字　　　数：162.4 千字
印　　　数：1—1000 册
ISBN 978-7-5362-7340-5
定　　　价：80.00 元

目　录

一[第一章　创新与创意]一

　　设计需要创新，创新需要创意，设计教育也不例外。可问题是创意从哪里来？怎么才能获得创意？在回答这个问题之前，我们必须清楚"什么是创新，什么是创意"这样的问题，这里所指并非空洞的"定义"或者"概念"之类，当然这并不代表"定义""概念"之类无须了解，实在是因为作为知识的东西有时看似简单，其实太过复杂。看似简单是指我们对它的理解往往只停留于"语文"的层面，而不是从设计专业的角度理解。停留于"语文"层面的理解是指我们对语词所描述、表达的意思完全清楚，甚至是以专业角度进行的描述和表达，我们没有不认识的语词，也没有不明白的意思。而真正从设计专业的角度理解应该是站在圈子外面看他们是如何描述、如何理解的，仿佛设计师和用户是并列于两条线上，并能从中找出他们之间的微妙关系。以设计为例，我们知道造型类的设计是一个大的范畴，它包括"建筑设计""服装设计""工业产品设计""环境艺术设计"等，如果我们站在圈子外面看，无论如何它们都与视觉相关。与视觉相关的"创新"与"创意"只存在两个方面的问题，其一是"概念"的问题，即"创新"或者"创意"必须作为共同的知识才能让人感受到。具体地说我们的设计所要表达的内容是通过造型呈现出来的，最终还需要"观众"（注：消费者、用户）具有相同的概念，否则就不能理解。其二是造型作为视觉艺术，与听觉艺术一样。设计师要驾驭"观众"，就如同音乐家要驾驭"听众"一样，即要在现有的"概念"上做引导，这种引导就是"创新"或者"创意"。音乐家写出的任何一部作品对于听众来说都是"创新"，而他以独特的形式、方法、手段、元素等构成的作品就是"创意"。同理，对于设计而言，"观众"原本就没有关于"新"的概念，设计师在了解和掌握"观众"的基础上，通过一种专业的形式、手段，挖掘、调动"观众"在这方面的需求和情绪，这就是设计的"创新"和"创意"。

艺术设计的"创新"是"创意"的整体形式，并以结果呈现出来。"创意"是"创新"的主要支撑和触点，是思维基于对已知事物本质的理解、把握之上，寻得的对事物的挖掘、改进、解决的方案和方法，是思维的结果。问题的复杂性便在于此，我们知道人类对思维的研究和探索从未停止，所涉及的学科包括哲学、心理学、生理学、逻辑学等，并且研究成果不断地推陈出新。艺术设计虽然不是以思维研究为主的学科，但却是和"思维"应用最密切的学科，最强调创意的学科，因此我们不得不对此有所了解和研究，否则我们在设计中将只知其然而不知其所以然。

1. 语词与思维的关系

对思维的研究我们不能采取简单的拿来主义的方式，任何试图直接以某些"思维方法"或"创意方法"来解决设计和设计教学中的思维问题都将是徒劳的。这倒不是因为这些方法本身的问题，而是因为问题与方法之间不是带有编号的对应关系。例如"老年自我管理血糖仪"设计案例，学生在进行了大量的调查研究后始终无法找到问题的突破点，即创意点。当然，学生可以做任何有别于现存的、适合老年人使用的设计，也可以在某些方面做一些细微的改进，但其设计的意义仅限如此，最终只不过是另一种造型的血糖仪，这并非设计师理想中的设计。在该案例中，如何找到"创意点"关键在于对问题的理解、分析和判断，如果我们关注的对象是血糖仪，那么我们的思维一定是围绕着血糖仪展开的，无论你用何种思维方法，其结果可想而知，因为"血糖仪"只是这一类产品的代名词，尽管我们对其功能也进行过分析，但依然是在现有的血糖仪范围内的分析，并没有跳出这个范围。而真正的创意点应该回到学生最初的想法上，即为什么想做血糖仪的动机上，是什么地方让你觉得现有产品存在不足，也就是学生当初提出的"老年人能够自我管理的血糖仪"这个概念。在这个想法中"自我管理"才是问题的核心，尤其是"管理"二字，它突出了与其他产品不同的特点。然而学生原有的想法为什么会被自己忽略，或者想过但终究无法获得创意点，显然这是学生将"管理"作为一个词或者一个概念来进行。即将"管理"作为一个名词，它代表的是性质，表示具有"自我管理"性质的"血糖仪"，具有"自我管理性质的血糖仪"就会被整合成为一个抽象概念。我们知道抽象概念的特点是不反映对象具体特征的，如"人"就是一个抽象概念，包含不同性别、身高、相貌等具体特征，也就是说抽象概念是排除了诸多个性而强调的是共性。但是设计不同，设计针对的就是具体内容或具体问题，强调的是个性的东西。

如果将"管理"看作动词那就完全不一样了，它表示的是怎么"管理"的问题。而怎么"管理"才是设计要解决的关键，这也是区别于其他血糖仪的主要部分，处理好这个问题也就意味着抓住了设计的"创意"。不过这里我们还要面对思维的另一个"陷阱"，那就是"管理"作为一个语词和概念已经潜移默化在我们大脑之中，其实"管"和"理"各有其内容和所指，是两个不同的概念，"管"在前，"理"在后，在设计中只有处理好"管"和"理"的问题，才能成为设计的主要内容和真正的创意点。以"管"为例，就当今的技术而言，血糖仪可以与手机通过蓝牙的技术手段相连接，监控患者每天的饮食和生活习惯，并储存于设备之中，以便形成日记。至于"理"，我们可将日记的内容、指标、数据整理成曲线，使这些数据可视化和直观化，还可以根据大数据进一步做出对未来的预测、判断、建议和指导。这样的"管"和"理"所形成的数据不仅对患者具有重要意义，而且对医生的诊断同样具有重要的辅助作用。

2. 语词与概念的关系

在"老年人能够自我管理的血糖仪"这个案例中我们可以看出思维是借助概念进行的，概念是思维活动的基本单元，而概念又是借助语词来标记和表达的，语词之所以能够表达是因为有相应的概念。问题是概念与语词不是一一对应的关系，概念具有一定的范围性和模糊性。同样，语词也具有表达的多样性和灵活性，即同一个语词可以表达不同的概念，相同的概念亦可用不同的语词表达，这就是我们知识结构自身的特点，这个特点是在我们认知过程中形成的。概念是通过语词形式唤醒的，概念一方面通过语词存在，另一方面语词又通过概念表达事物。我们的设计思维正是通过这两者不断相互转换进行的，转换能力越强，设计思维能力自然也越强。

概念的范围性和模糊性与语词表达的多样性、灵活性并不是思维的障碍，恰恰相反，我们正是借此特性才有了丰富的想象力和多姿多彩的表达形式，才有了隐喻、借喻、双关语等生动、含蓄且幽默的表达效果，我们的设计创意也正是在这些思维的成果上得以体现和升华。下面我们可以通过旅行箱的设计案例看看这些表达方式如何作用于设计。

旅行箱是大家经常使用和非常熟悉的旅行用品，其品牌、型号、样式等数不胜数，甚至还有智能方面的产品。正因如此，要在设计上有所突破并非易事。设计的前期调研和准备无须赘述，主要问题的分析结果如下：

（1）衣服的存放很难保持整洁，也很容易造成衣服出现皱褶的状况。

（2）在拿取这些衣服的时候有点像"翻箱倒柜"。

（3）出行的时间长短不同、地方气候不同对箱体尺寸要求也不同。

（4）旅行箱闲置时存放的问题等。

综合来看，现行的旅行箱虽然品种繁多，但基本上只是一个能装物品的容器，尽管里面也有物品固定的设计，但对于携带的各种衣服和物品而言还是不尽如人意。这些确实是设计中必须解决的问题，不过对这些问题的分析仅仅只是聚焦于旅行箱本身，没有考虑到人和使用环境的因素，毕竟旅行箱是人使用的，人又因年龄、性别、地域、文化、职业、生活习惯而不同。而出行目的、性质以及使用环境中也存在诸多条件限制，如：飞机、高铁、车辆的行李舱大小尺寸……离开了这些条件考虑问题会使问题限于片面而显得孤立。

不过我们应该清楚上述这些问题只是我们设计中应该改进的地方，相当于设计指标，它并不等于设计创意。这就像我们创作的时候有了很多素材，素材本身并不能表达我们创作的意图，只有在一定主题的构思下才能发挥它的作用。在上述问题中使用环境是一定的、客观的、不可改变的。旅行箱的规格、尺寸看似是一定的、不可改变的，但存在着需求不同的问题，这就是为什么有些人会有两个以上不同规格的旅行箱的原因。这也说明旅行箱的规格存在一定的变数。其中最活跃的因素应该是人，同样的旅行箱和物品，不同的人整理就会有不同效果，即使同一个人整理，每一次也会存在一些差别，导致这样的结果主要取决于人的性格、生活习惯和生活技能。但可以肯定的是，没有人不喜欢规整，只是规整需要一定的生活技能，如衣服的折叠、物品的收纳、文件的规整等。特别是衣服的折叠，生活的经验告诉我们，衣服的折叠是一个技术活，需要专业的培训。因为生活中衣服基本都是以"挂"为主，而现在的旅行箱里不能挂衣服，只能以折叠的方式存放，由此看来这就是问题的关键所在，解决好"挂"的问题就能解决好旅行箱衣服存放和收纳的问题。这是否就意味着我们找到了创意点呢？其实并不尽然，我们还需要找到一个能全面指导整个设计的主题，如同写文章需要题目一样，它不仅能使内容统一在一定的风格和形式之下，让它们之间形成相互关系，还能起到"画龙点睛"的作用。通俗地讲我们需要为这些功能的改进找到一种说法，这种说法不是可有可无的表面文章，也不是纯粹的宣传词，而是设计和设计主题的需要，是设计思维的需要（因为概念是依附语词而存在的，概念是语词的思想内容，语词是概念的语言形式，人们的思维离不开语言）。在本案例中如果认为旅行箱里"挂"衣服是解决问题的核心，那么"挂"自然也就是关键词，围绕着"挂"我们会联想到日常生活中晾晒衣服的场景，一般情况下我们会利用周围环境"牵（或拉）"一条绳。至于旅行箱里怎么"牵"怎么"挂"就是具体的设计问题了，只要能满足结构简单、易用、重量轻和不占箱内空间等要求即可。由此，"牵"与"挂"就有了关联，设计的主题应该就是"牵挂"。这里我们利用了语言双关语的特点表达了两个概念，一方面是对设计的描述，另一方面很贴切地表述了人文情怀，体现了"设计以人为本"的原则，这就是语言的魅力，这就是语言与设计思维的关系。

图例：《我的牵挂——行李箱的研究与设计》2020年毕业设计展板

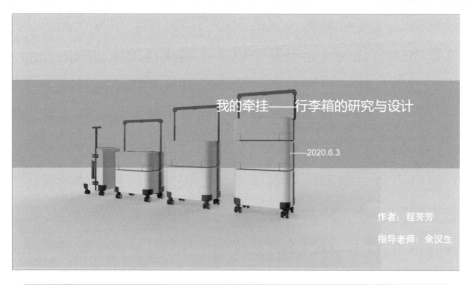

我的牵挂——行李箱的研究与设计
毕业设计论文（报告）答辩

▶ 毕业设计解决的问题

创新点

"牵" 1.解决用户不同行程需要不同尺寸行李箱的问题。————— 箱体

 2.解决行李箱在家闲置造成空间浪费的问题。

"挂" 3.解决行李箱内部物品收纳问题。————— 叠衣板

 4.解决用户在酒店从行李箱内部拿取衣物不方便的问题。

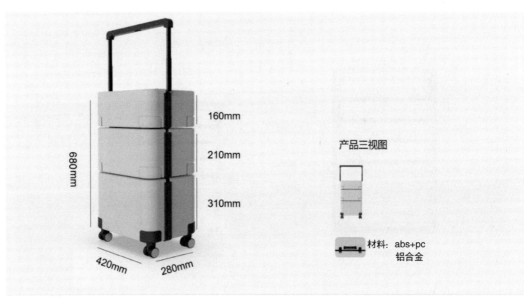

160mm
210mm
310mm
680mm
420mm
280mm

产品三视图

材料: abs+pc
铝合金

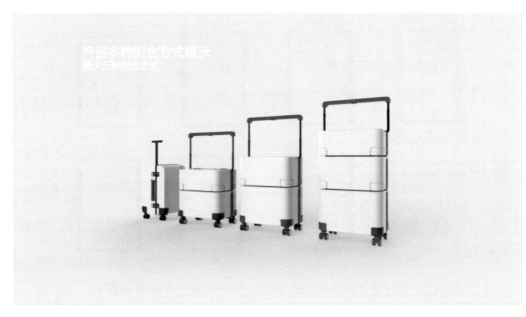

产品多种组合方式展示
最少五种组合方式

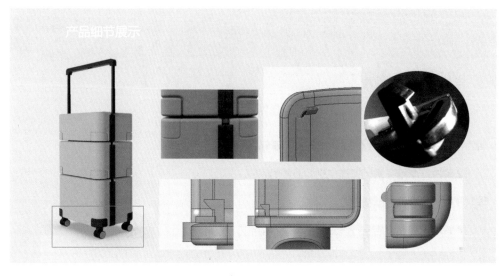

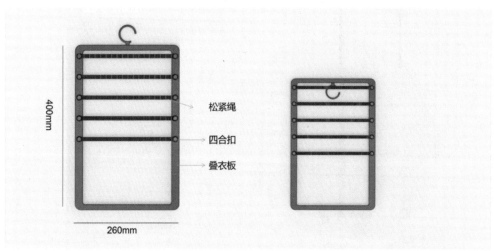

松紧绳

四合扣

叠衣板

400mm

260mm

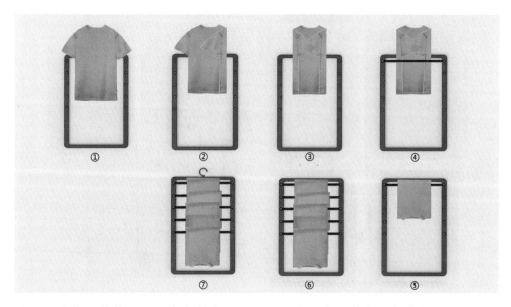

（注：该作品获第一届"东方创意之星工业设计大赛"学术组铜奖）

3. 概念与思维的关系

上述案例我们探讨了概念、语词与设计思维之间的关系，从中我们可以发现概念如何通过语词影响我们的设计思维，它们之间的精妙之处虽说复杂多变，但也只是一种"表象关系"而已，或者说基本关系。所谓"表象关系"指的就是思维无论是从概念开始还是从语词入手，始终是基于我们认知形成的相关概念。简而言之，我们的思维与概念所表达的内容是一致且直接的关系，而非"顾左右而言它"。然而设计思维与概念的关系并不总是如此，我们认识客观世界形成的概念往往是以形象、符号等方式分门别类地储存在我们的大脑之中，是我们识别、判断对象的依据，我们之所以能够迅速地肯定对象是因为我们具有相关的概念，甚至还包括了解对象相关的一些信息，概念就像一个重要节点，能够起到纲举目张的作用。相对于概念的形成，认知的过程却是千差万别。具体地说，我们认识对象可能是从某些部分开始，如形象、符号等，最后会形成一个关于对象的整体概念。当设计思维开始的时候，这个对象就会以形象、符号等形式出现在我们大脑中，如果没有相关的概念我们就无法拥有这一思维了，这说明设计思维是围绕着这个对象展开的，并且与这个对象无关的东西将会被排除在外，这样便于思维集中于设计对象且高效工作。也正因如此，概念也极大地限制了我们的思维，也许创意点正好来自其他方面，这就是创新过程中我们经常说"要打破概念"的原因。下面我们将通过咖啡机的设计案例了解认知的过程，以及所形成的概念与设计创新之间的关系。

咖啡在中国虽不及茶普及，但大众对此并不陌生，即使它们处在不工作的状态下，我们只要看一眼就能识别咖啡机与豆浆机。显然我们识别对象是通过某些外观的信息特征得到的，这些信息特征与相关概念建立起了联系，并且获得了概念对此的解释。也许眼前的咖啡机不一定就是你第一次见到的那个咖啡机，你甚至说不清楚是在什么地方、什么时候、什么环境下认识咖啡机的，认识的方法也不会是从它的内部结构、工作原理等开始，但是我们大脑还是建立了一个符合概念的咖啡机形象，只要说起咖啡机我们大脑里就会有一个既清晰又模糊的形象。说"清晰"是因为我们可以借此来识别它们，说"模糊"是因为我们无法马上将它们具体的形象表现出来，这就是认知过程和概念形成的特点，概念会保留认知对象的本质、共性、特点而忽略细节便于我们记忆。这说明认识的过程与结果之间存在着牺牲过程保存结果的现象，这就是知识的特点，它必须去掉个人的一切因素，包括你是如何认识的，以及认识的过程等。如汽车、发动机、咖啡机等，不管你是如何认识的、在什么地方认识的、多大年龄认识的，作为知识它都具有相同的定义、相同的概念。

我们知道概念是人类思维的基本形式，设计师也不例外。这表明了人们在思考的时候利用对事物认识的结果有了某种一致性，但在思考的过程中如何利用这种认识的结果，设计师与普通的人在思维上毕竟存在着一定的差异，这种差异毫无疑问使设计思维具有了独特的形式。具体我们可以从以下几个方面进行区别：

第一，普通人在思维的时候对概念的利用是取其本身结果性的定义，即认识的结果。而设计师在思维的时候对概念的利用往往需要重现这种认识结果的过程。如"浪漫"所指"富有诗意，充满幻想"，这是人们对浪漫的认识所形成的概念和给予的定义，普通大众在使用这个词的时候所表达的意思就是利用人们认识的这个结果给出的定义和概念。然而，设计师在思维的时候常常需要将认识它的过程展现或者重现出来，即如何才是浪漫，如何才能浪漫。这就需要设计师具有相当丰富的经历和较高的想象力，因为我们说的"浪漫"从具体形式的体现上来说它不是一种标准的形式，更不是唯一的形式，而且每个人对于"浪漫"的形式与认识的途径都不一样，具体的感受也不一样，等等。虽然如此，但对于它的认识结果以及形成的概念却又都是一样的。所以设计师在展现如何才是浪漫、如何才能浪漫的时候是一个极其复杂和困难的事情，它不可能像文学作品对浪漫的描述那样有一个铺垫和过渡，也不可能像电影一样有剧情的发展过程。

第二，概念又可分为抽象的概念和具象的概念。对于普通大众来说，这两种概念不存在混淆的时候，它们都已经有了明确的区别和定义。而设计师在思维的时候却经常要考虑如何才能将抽象的概念具象地表达，具象的概念抽象地表达的问题。如"情感""高贵""华丽""庄重""休闲""人性"等这类抽象的概念，设计需要以一种具体的形式、形态来表达或者体现。

第三，任何一个概念都存在着认识、理解程度上的层次差异，如"高贵"与"华丽"都是抽象的概念，这一点从纯概念的定义或者文字的理解上几乎不会出现任何问题，因为它涉及的只是我们每个人内心深处的个人感受，以及我们个人所能涉及的生活范围和经历。但如果要求我们以具体的形式或者形象来准确地表达"高贵"与"华丽"时，这不仅要求我们设计师对形式或者形象具有深刻的理解和把握能力，同时还要求我们设计师的"概念"必须具备涵盖每一个个人的因素，包括每个人的认识深度、生活阅历等，否则不同的人会产生不同的看法、不同的体会和不同的感受，甚至还有人完全看不懂，这是因为我们每个人对什么东西"高贵"、什么东西"华丽"，什么形式或者形象"高贵"、什么形式或者形象"华丽"都有着不同的认识和看法。尽管生活中并不存在绝对"高贵""华丽"的对象，形式或者形象作为具体的对象与"高贵""华丽"之间也无直接的关系，更不可能相等，它需要时间、地点、环境、可比对象等作为条件。也就是说，如果认为我们设计的对象不够"高贵"、不够"华丽"，实际上是我们设计的对象与可比对象、可比条件之间的问题，而并非设计对象本身的问题。

另外，就概念而言，我们知道"高贵"不等于"华丽"，"高贵"也不一定需要"华丽"。当然"高贵"也不一定不"华丽"，同样"华丽"也不等于"高贵"等诸如此类。

除此之外，对我们设计思维影响更大的问题恐怕还不是我们对认识对象的不了解，而是我们已经非常熟悉的东西以及我们的知识结构本身。一些对象我们既看到了它的形式、使用状态，同时还了解了它的基本结构、原理和功能，这一点对于"认识"而言可以说是标准的标志了，可问题就在于我们这种已经建立起的概念和分类对设计的创造思维产生了决定性的制约作用。如案例"引擎咖啡机——创新体验设计"的设计，汽车爱好者对汽车发动机一定有其概念，只不过汽车发动机与咖啡机不属于一个类别，它们分别储存于我们大脑中不同的地方，这就如同电脑里的菜单，不同的内容分属于不同的目录，这无疑对我们的逻辑思维和联想思维提供了条件，可同时也是我们设计思维的桎梏。如我们设计咖啡机就不会想起发动机。

如何才能打破设计思维的局限呢？首先我们不要被"咖啡机"这个语词概念所局限，而应该将其看成是一种设备或者是一个能冲泡咖啡的东西。既然是一种设备或者东西，自然就会想起什么样的人会喜欢什么样的东西了，如本案例就是针对年轻人或者汽车爱好者，以及与汽车相关的企业，以汽车引擎作为设计创意点设计的《引擎咖啡机——创新体验设计》。如图：

广州美术学院
THE GUANGZHOU ACADEMY OF FINE ARTS

工业设计学院
SCHOOL OF INNOVATION DESIGN

www.SID-GAFA.com
广美 | 工业设计工程工作室

引擎咖啡机——创新体验设计

学生：陈厚宏　　指导老师：余汉生

设计说明：

年轻人是咖啡的主要消费人群，我发现工业朋克元素以及"跑车文化"深深吸引着年轻群体。引擎是工业发展的里程碑代表，于是我提取该元素结合传统咖啡机，融合出一种新的产品创意。引擎咖啡机在保留了动手制作咖啡的仪式感和乐趣的同时，将时代进步的工业感与传统因素相融合——看似在做机械检修的过程之后，结果却是得到一杯香浓咖啡！令用户体验到焕然一新的使用感受。

流程演示：

步骤一：磨豆

步骤二：压粉

步骤三：萃取

步骤四：制作奶泡

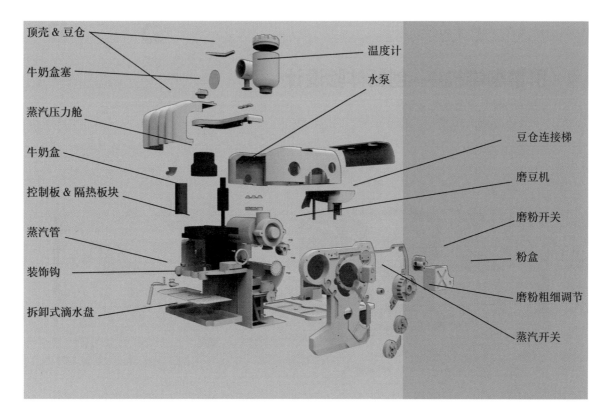

顶壳 & 豆仓
牛奶盒塞
蒸汽压力舱
牛奶盒
控制板 & 隔热板块
蒸汽管
装饰钩
拆卸式滴水盘

温度计
水泵

豆仓连接梯
磨豆机
磨粉开关
粉盒
磨粉粗细调节
蒸汽开关

　　设计中除了咖啡机本身用了汽车发动机作为创意主题外，还将相关的用具设计成汽车修理工具，包括咖啡壶设计成油壶的形式。这就如同为用户提供了道具和情景，更加突出和强调了关于汽车文化的体验，也让使用过程更具趣味性。

　　类似的设计案例还有《咖啡工厂》，我相信每个人脑中都有关于化工厂的概念，即使没亲眼见过也看过相关的图片，作为概念，它与咖啡机并不会作为相同的东西储存在一个类别中，当它们被整合在一起时，无疑会使我们的思维产生障碍。其实我们说的"化工厂"无非就是将物质以化学的方法改变物质组成或结构而合成新物质，而咖啡也是由咖啡豆经过设备一系列的加工处理而成，当然咖啡不是通过化学方法改变而成。但是从原料的投入到咖啡成为液体出来的加工过程与化工厂生产过程颇为类似，如果概念以此分类，那么它们之间就有了一定的关联，这就是概念对设计创意产生的影响所在。

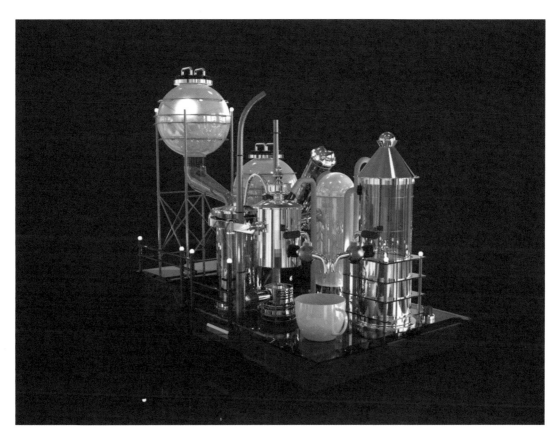

《咖啡工厂》（学生作业截图）

上图为融合了化工厂概念的咖啡机设计，当你看到咖啡豆经过粉碎、研磨、蒸馏等工序最后形成咖啡流入杯中，会有怎样的体验和感受呢？咖啡机不应只是冲泡咖啡的设备，它理应成为一种陈设品。

4. 设计教学存在的问题

可是创新之路并不平坦，除了商业模式之外，设计方法与设计思维本身就值得我们研究、探讨。以下是工业设计（产品设计）的一般流程，准确地说更像"标准流程"，所谓"标准流程"是现在设计教学中教授的设计方法，大致分为前期调研、资料收集、设计构思（头脑风暴）、设计草图、设计等阶段。我们将对以上各阶段进行逐一分析，以期清晰各阶段的作用、特点及问题所在。

前期调研：前期调研的本意无须多言，但不知何时它开始演变成为设计创意来源的重要"技术手段"和创新设计的法宝，特别是当没有明确设计对象，或者只有一个设计、研究方向时就着手调研。他们寄希望于通过调研发现设计的一些新机会和创意点，殊不知设计的前期调研其实不是一个"临时抱佛脚"的事，也不是一把通往设计创新和创意的万能钥匙。设计的前期调研起码包含两个层面的含义：其一，发现人们生活中存在的潜在需求或者问题，这是最困难也是最具挑战性的部分，它需要设计师对事物、生活具备一定的高度和深刻的理解，以及拥有观察生活、体验生活的经验积累，否则即便是问题摆在你眼前，你也不会有所发现。其二，调研的方法是根据设计内容的需要而制定的，并不是千篇一律的。不同的设计内容有着不同的调研方法，在设计阶段有时也需要做一些调研。但可以肯定的是，盲目的调研不可能为"只有设计方向"而没有具体的设计对象提供帮助，也不可能为寻找设计创意带来灵感，因为所谓"方向"只是一个大的概念，其内容包罗万象。如"家电产品"只是一个大的"方向"，其中包含各种用途不同的产品，如果没有具体设计对象，调研则如同漫无目的的游人。设计调研应该是明确了设计对象和设计目标后所做的资料和数据的收集、补充，以及设计师对某些构想进行的一种初步论证。

资料收集：对于有了具体的设计对象、内容而言，资料收集与前期调研是一致的、延续的工作，实际上前期的调研在一定程度上也包含资料收集。不过资料收集的内容和范围决定了设计的创意，我们说过设计思维是围绕着设计对象展开的，也就是说如果设计的对象是咖啡机，那么资料的收集也一定是围绕着咖啡机进行的，这样我们的设计思维就只能局限于各种不同的咖啡机。

设计构思（头脑风暴）：设计构思实际上是对收集和掌握的资料进行加工处理的过程，通俗地讲就是将收集和掌握的资料通过分析、归纳、提炼最后提出解决问题的方案。设计构思阶段是整个设计中最重要的一个环节，而在这个环节中分析问题和解决问题又是这个环节的关键。它不仅需要设计师具有宽广的知识面和丰富的生活经验的积累，而且还需要能够迅速抓住问题本质的能力，一种不受行业、职业以及各种因素影响的以解决问题为中心的能力。

为了更好地理解这种能力，在此以一个工业设计大赛为例。大赛举办方为传统燃气具生产企业，设计的内容当然是液化气炉具。面对大赛的设计内容，几乎所有的设计师包括企业，基本都是围绕着竞争对手、用户、质量、市场等这些因素去考虑问题的，其结果可想而知。其实无须做市场调研我们也能找出这个问题，因为传统燃气具的真正竞争者并不来自同行业，而是家电产品，也就是说传统燃气具的创新之路在于与智能化相结合。如果我们能认识到这个问题，那么我们平常所说的"火候"就是智能化的具体实现了，"火"代表的是温度，"候"表示时间，"火候"即温度与时间的控制。另外，如果单纯地从思维和分析角度来看，设计大赛的参与者理应了解，真正的核心问题是"赢"而非设计对象本身，设计毕竟不是一门追求真理的学科，它与企业委托设计也不同，既然是大赛，如何赢得比赛才是最主要的问题。因此，大赛参与者需要考虑的问题应该是其他的参与者会如何设计。这是一种看破问题的能力，也是一个优秀的设计师应该具备的能力，否则就会像一些设计师经常抱怨的那样："设计方案总是通不过，总是处在修改中。"这说明你想到的东西委托方和主管部门也想到了，这叫作"情理之中"，只有做到"情理之中，意料之外"这八个字才能说明你有驾驭设计的能力。但需要注意的是"意料之外"还需注意分寸，太过于超前可能就是冒险。

遗憾的是现在教学中普遍推行的是各种"分析方法""头脑风暴"之类，而不是思维能力的培养，学生的各种分析图表越做越复杂，思维能力却没有得到有效的提高。当然，一些必要的分析方法固然重要，所谓"头脑风暴"本身也没有问题，但是一定不能将这些方法作为一种技术。分析讲的是能力而不是技术，只有"分析能力"之称而没有"分析技术"之说，过多强调"方法"难免会出现急功近利的现象，最后这些"方法"也会变成一种形式。

分析问题首先必须具备判断、归纳问题的能力，也就是说将问题按性质、类别进行划分，并能明确每一类别中的主要问题，以及这些问题与其他类别的问题之间的关系，否则那只是罗列问题。同时我们也应该清楚地知道它受制于人的观念，尽管我们的分析是建立在以客观为依据的基础之上的，但终究是主观的，而主观的直接因素是取决于我们的观念。每个人都有自己的观念，设计师也是如此。但是，观念很有可能一开始就将我们领入歧途。

5. 观念、概念与设计思维的关系

以下为"垃圾分类回收处理"的设计案例，我们将对整个设计和教学历程进行回放，也许能从中体会概念、观念与设计思维的相互作用和相互影响。

前期的设计调研与资料收集自不必说，包括垃圾分类回收的现状、设施设备、人的行为、使用环境、政府政策等相关资料可谓面面俱到，并在此基础上展开了对调研结果和收集到的资料进行分析。尽管如此，设计创意点和创新点依然不甚明了，为什么会出现如此结果？这就是我们所要研究的具体内容。

我们不妨将思维看成思维的状态和思维的内容两个部分。思维的状态指的是看问题的高度，它受观念的影响，观念决定高度。思维的内容是受概念影响的，而概念决定范围。在思维的过程中，往往我们会忽视这两者之间的相互关系，特别是观念对问题的指导性，转而直接面对具体问题。也就是说我们的思维从一开始就直接进入一个范围之中，在"垃圾分类回收处理"这个设计案例中就是如此。而垃圾桶（箱）、垃圾分类回收处理的现状、人对垃圾分类回收处理的认识和行为等问题，以及这些问题所形成的概念是否会潜移默化地作用于现在的设计思维而缺乏反思，缺乏警惕。原本我们应该考虑的是"怎样分类回收处理垃圾才是最好的方式、如何从观念上改变现在的垃圾分类回收处理的方式，以及具体的技术方法"等问题，但现在却悄无声息地被调研和收集的资料所侵蚀，我们的理想被眼前的琐碎的数据和不断浮现的现状所干扰。同时，在具体的分析问题的过程中，虽然面对的是客观资料，但我们一直受到潜意识中最原始的"垃圾桶（箱）"概念的影响。一方面我们在为它而设计，希望它更亲民，另一方面我们骨子里又希望远离它。尽管现在"垃圾分类回收处理"的方式和概念已不可同日而语，不过它的原型还是"垃圾桶（箱）"这个根深蒂固的概念，无论如何它都不能与美好或时尚挂钩，也绝不等于你就愿意亲近它。如此等等，在这样的背景条件下我们想获得设计的创意灵感几乎是不可能的事。

垃圾分类回收处理的设计可以从两个方面考虑问题。其一是基于概念，其二是基于观念。基于概念实际上就是基于现状主导的设计，它是由原始的垃圾桶（箱）到垃圾分类回收处理的演变过程所形成的。我们知道垃圾原来不分类，只设一个垃圾桶（箱），后来需要分类就设有四个或更多垃圾桶（箱），垃圾桶（箱）的大小是统一尺寸而非按需设置。后来为了鼓励垃圾分类在此基础上进行了一些改进，包括一些积分奖励等所谓智能化的改进。但这些都只是方法手段的变化，其基本原理并没有改变，人们的观念也没有改变。即便如此，我们也只关注了垃圾的分类而忽视了"处理"，认为"处理"是回收后相关企业的事，这是典型的瞻前不顾后、顾此失彼的行为。垃圾如何分类我们先暂且不说，如果不对垃圾进行即时处理，即使是初级处理，也依然会影响到垃圾桶（箱）的尺寸大小、体量、容量以及与环境的关系，还会因为气候、味道等问题进一步污染环境，同时还关系到垃圾转运的方式和转运的效费比。至于垃圾的分类无须多言，最好的形式是自动分类，而要实现自动分类就必须先能自动识别。但是就目前的技术手段而言，以最简单、最低成本和有限的体积实现自动识别似乎是不可能的。如果我们基于这样的现状进行设计难免会进入一个死胡同，其结果只是某些地方的改良，除非在物质的识别技术上取得突破。

基于观念的设计是指从根本上改变垃圾分类回收的观念，即不再有垃圾，不再扔垃圾，只有暂时不用的材料和可用于置换东西的材料。不再有垃圾桶（箱）一字排开的垃圾站，只有造型时尚、风格迥异、能融入城市建筑环境的置换点。

简而言之，设计思维的观念与概念的区别在于：概念是基于现状，无论你怎么设计都是现状的改进。观念是基于理想，不受现状的限制只要达到目的即可。

在教学中，学生毫无例外地会选择基于概念的设计，这也是可以预想到的结果。而在经过一系列的讲解、分析和推演后，最终学生会回到选择从观念上进行思考，其构想是避免面面俱到，只选择某一种材料作为回收处理对象，这样不仅可以规避物质识别的问题，还能够更加灵活设置和组合，更加适合不同生活小区，更加适合不同场合、不同环境的需要，如各种展会、活动现场等。

为了能更好地展现整个教学过程中出现的各种问题，我们将按学生不同认知阶段分章节逐步展开，希望能从中发现问题的根源和一些规律性的东西，以便于设计教学和设计的需要。

设计命题为"纸艺工坊"。以废纸为回收对象，希望将回收的过程变为制作纸艺的过程，同样能起到垃圾分类回收的作用。其构想如下：

资料收集

中华人民共和国成立以来就提出垃圾分类
促使垃圾分类的方式过于单一，并不能有效激起用户兴趣；
企业（简单利益化）

现状一
虽有垃圾分类概念，但没有相适应的设备符合这个概念

现状二
上海有明确分类政策
但仅依靠政府单一的促使分类措施（强制，教育），用户处在被动状态

现状三
有垃圾分类设备
但仅依靠单一的利益关系，变相的垃圾买卖，并没有提高
保护环境、节约资源的概念层次

初步方案

最原始方案

"纸艺工坊"产品介绍

设计说明：
　　"纸艺工坊"可将放入后的纸质搅碎再造成新的生活产品。
　　"纸艺工坊"通过对纸的高温蒸、搅碎，再用黏合剂/调色料成型，从而在用少许水的情况下铸出新的生活用品。

"纸艺工坊"产品介绍

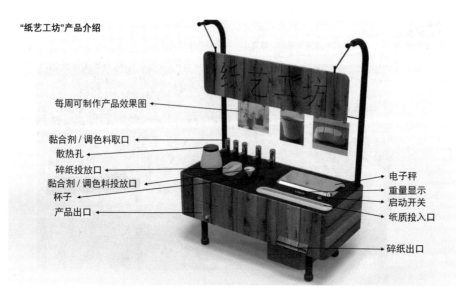

每周可制作产品效果图

黏合剂/调色料取口
散热孔
碎纸投放口
黏合剂/调色料投放口
杯子
产品出口

电子秤
重量显示
启动开关
纸质投入口

碎纸出口

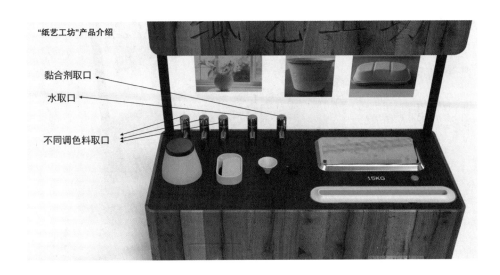

"纸艺工坊"产品介绍

黏合剂取口

水取口

不同调色料取口

1.5KG

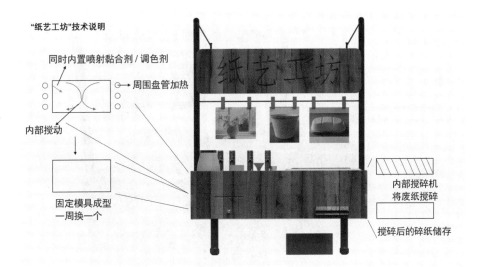

"纸艺工坊"技术说明

同时内置喷射黏合剂/调色剂

周围盘管加热

内部搅动

固定模具成型
一周换一个

内部搅碎机
将废纸搅碎

搅碎后的碎纸储存

（学生作业截图）

"纸艺工坊"使用流程

第一步

用户将废纸放入
投放口进行搅碎储存
并记录用户贡献值

如需进行产品制作
消耗贡献值取碎纸

1.5KG

"纸艺工坊"使用流程

第二步

用户按下启动按钮
机器自动匹配用户贡献值
取出碎纸

"纸艺工坊"使用流程

第三步

用户将碎纸进行称重
看看是否够这次制作产品的用量

"纸艺工坊"使用流程

第四步

用户将碎纸倒入机器

"纸艺工坊"使用流程

第五步

用户可根据喜好，调制颜色
黏合剂从而达到产品的不同
效果

扭动出料

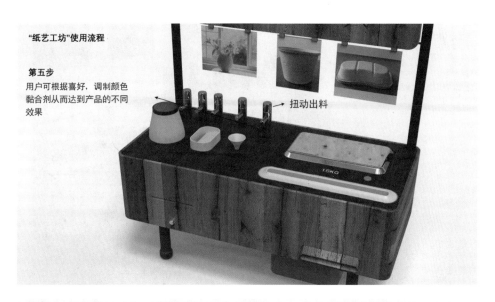

"纸艺工坊"使用流程

第六步

将调好的黏合剂／颜色倒入

"纸艺工坊"使用流程

第七步

"纸艺工坊"工作中

散热烟囱

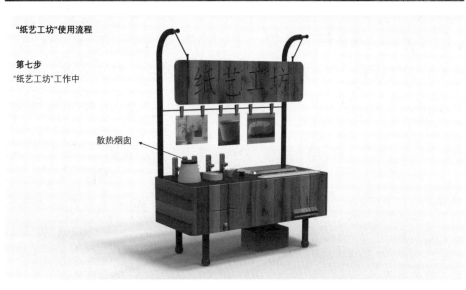

"纸艺工坊"使用流程

第八步
"纸艺工坊"工作完成，取出产品

（学生作业截图）

观念与概念不同，观念可以是个人的思想或看法，而概念却是要求反映事物本质属性的思维形式，它要求我们把感觉到的事物的共同特点抽取出来加以概括。这也正是设计与艺术的区别所在。艺术可以强调个人的观念、个人的感受，而设计不能，设计必须将众多受众的个人观念的共同特点抽取出来形成一个符合他们观念的整体概念，我们的设计才会得到受众的认可和接受。

设计的思维正是需要这种迅速而可靠地把感性观念转化为概念以及反过来转化的能力。由此可见，设计在运用知识方面是属于科学的思维，而在知识的运用方面又渗透了哲学思想。正如恩斯特·马赫（Ernst Mach，1838—1916）在《认识与谬误》（*ERKENNTNIS UND IRRTUM*）一书中所说："每一个哲学家都拥有他自己的私人科学观，每一个科学家都拥有他的私人哲学。"

—[第二章 创意与造型]—

上一章中《纸艺工坊》的设计方案也许与你的想象大相径庭，与其说是"纸艺工坊"还不如说更像街边的售卖小推车。其实，这只是一个初步方案，如果对设计继续进行修改和完善，相信会有一个更好的结果。不过这不是我们要讨论的重点，我们要讨论的是设计构想、构思与造型之间的关系，以及它们之间的相互作用。

1. 概念与造型的关系

设计构想是对问题进行分析、归纳之后形成的概略性判断和解决问题的初步设想，包括一些方法、手段和形式。设计构思则是在此基础上更为缜密、细致的思考，它往往会结合一定形式的草图，可以看作设计构想的具体实施步骤和初步验证。在《纸艺工坊》案例中，学生经过反复衡量后决定选择废纸作为回收对象，设想将废纸回收的过程变成自制生活用品的过程，并以"纸艺工坊"作为设计主题来表达此设计创意，那么如何展现这样一个过程就成了设计的重点。它势必涉及废纸再生的一系列工艺技术，包括去杂质、消毒、粉碎、溶解、制浆、脱水、挤压、干燥等。除此之外还需要考虑废水、排污、空气污染以及与环境的关系等问题，所有这些工作程序及将产生的问题都必须在事先做好相关技术方面的调研和结构草图创作。

设计主题一定是能突出其设计创意的概括性语词表述，《纸艺工坊》的表述应该说是恰如其分的，它不但表述了以纸为材料的工艺制作特点，同时又突出了小巧、精致的工作场所，并且还充满了手工作坊的文化意味。那么"纸艺工坊"到底应该是什么样子呢？或者说什么样的造型才能体现这样的设计构想和概念？上一章的设计方案已经做出了回答，尽管不是最终的结果，但还是能从中看出端倪。从思维的角度来看，"纸艺"包含了所有以纸为材料的相关工艺的制作特点，是一个抽象概念。"工坊"同样也是一个抽象概念，抽象概念的特点是保留共性而去掉了具体形象，这对形象思维来说无疑是有损无益之事。正因如此，我们在想象"纸艺"的时候大脑始终无法捕捉到具体的形象，但心里又是明白的。这恰巧与对问题不甚理解或者没有想法刚刚相反，我们太明白自己想要做什么，但太多的具体细节，和关于纸艺的制作过程、场景和作品使我们茫然不知所措。"工坊"也是如此，它是各种各样工坊的集合体，当我们展开思维的时候大脑同样会闪现各种工作场景、空间环境。学生的这种思维状态在教学中具有一定的普遍性，如果不能将设计构想整合成为一个新的整体概念，思维就会始终在"纸艺"与"工坊"两个抽象概念之间徘徊，最后只能如本书022页图中用一个木牌写上"纸艺工坊"四个大字仅此而已。如此这样足以反映了设计造型中存在着两大方面的问题：

其一，是造型的创意问题，即造一个什么样的型。任何设计都将以一定的形式或者形态出现，然而，这个"一定的形式或者形态"并不是我们对设计对象的内容进行简单的堆砌或者排列，也不是毫无节制地对内容进行的包裹，这就像作家不能毫无修饰且毫无逻辑地将材料呈现出来，它需要对整个事件有一个整体的把握和控制，并在此基础上寻找一种能引人入胜的表达方式来对事件进行处理和编排，是高雅淡泊还是雅俗共赏，是峰回路转还是平铺直叙，这就是我们所说的"文风"或者说"风格"，也是我们所说的文学"艺术性"。设计也是如此，我们需要对设计对象有一个整体的想象和控制，这种"整体的想象和控制"，一方面需要我们对设计对象以及相关问题、元素进行深刻的理解和归纳，另一方面还需要我们对理解和归纳后的结果以一种能吸引人的独特形式表现出来，并使人能感受到充满"艺术性"的想象力，因此这就需要我们能从不同的角度以不同的方式来解读对象，这就是造型的创意。

造型不能没有创意，创意是思维的结果，而思维又需要我们对认识事物的过程进行积极的组织。在这个问题上，设计师作为普通人，有着同普通人一样认识事物和对象的方式，遵循着同普通人一样认识事物和对象的规律，并且这种方式和规律一直主导着我们的日常生活。可是，这种在生活中起着主导作用的方式和规律与设计要求将认识到的事物、对象从我们已有的概念中剥离出来，作为一种未加任何概念的纯形式的特殊性，它们之间存在着相互抵触的矛盾，这样就不可避免地会出现思维上的混乱，即认识的一般规律性与创造性思维的特殊性，或者说认识的习惯性与创造性思维的特殊性。困难的是"习惯性"会在不知不觉中吞噬了我们设计所需要的"特殊性"。人们为了有效、快捷地认识事物和对象，会将我们看到的一切事物以概念的形式进行分类和储存。但是，如果我们要将看到的事物和对象从已有的概念中剥离出来，就必须打破我们习以为常的思维习惯，这将会使我们的思维处在两种模式中，且两种不同的模式相互交替并同时作用于一起，它既要在分离后获取有价值的元素，同时还要保持正常的思维习惯，以便使我们的设计结果能满足人们一般的认识方法和规律。

其二，是造型的方法问题，即怎么造型。我们认识的事物和对象无论是原理、方式还是它的形式，作为创意元素的它们都不能直接上升为设计的造型，更不能等同于设计。因此这就需要我们对其进行加工、提炼和处理，这种加工、提炼的手段就是造型的方法。

对问题的理解属于逻辑思维，而设计表达则属于形象思维。其难点就在于我们需要用形象思维来概括和表达逻辑思维的结果，即用某一种概念来表达另一种概念，它们之间还必须相得益彰，这就要求用于表达的"形象"能具体地表达逻辑思维的结果，最后的整体形式还必须还原成抽象概念。这里的"还原"并非指原来就存在的概念，而是新的东西无法用新的概念来解释，我们只能借助一些已知且熟悉的概念来表达和证明，最后新的东西也会逐渐变成大家所熟悉并最终成为这一类的代表。这就是还原，这就是创新引领生活。

2. 方案详解

经过对方案的分析以及讲评，学生认识到问题的所在，最终决定放弃该方案，重新反思要解决的问题，注重观念指导下的设计构想、设计与环境的关系和绿色环保的概念，如是推出下列设计方案：

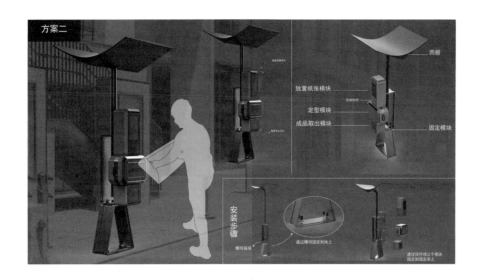

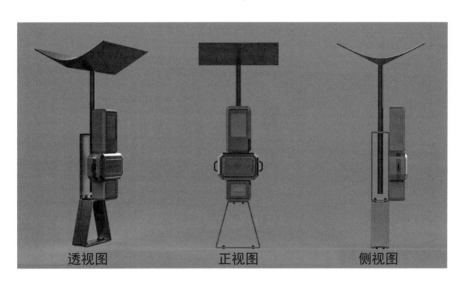

透视图　　　　正视图　　　　侧视图

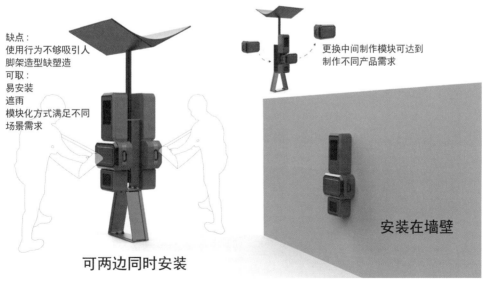

缺点：
使用行为不够吸引人
脚架造型缺塑造
可取：
易安装
遮雨
模块化方式满足不同
场景需求

更换中间制作模块可达到
制作不同产品需求

可两边同时安装

安装在墙壁

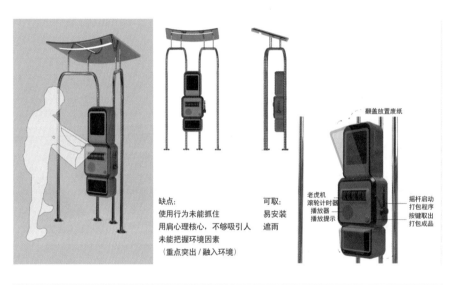

缺点:
使用行为未能抓住
用肩心理核心,不够吸引人
未能把握环境因素
　　(重点突出 / 融入环境)

可取:
易安装
遮雨

老虎机
滚轮计时器
播放器
播放提示

翻盖放置废纸

摇杆启动
打包程序
按键取出
打包成品

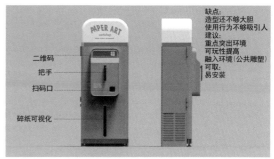

（学生作业截图）

　　方案一从形式上我们很容易看出是受到了现有产品的影响，应该算是对现有产品的一种改良。虽外在设计构想和细节上有些不同，且不说这些设计构想是否能实现，但是整体形象还是现有"垃圾分类回收处理箱"概念的体现，并没有改变。换言之，只要它还是一个垃圾桶（箱）的概念，人在主观意识上就不愿意与它有过多的接触，扔垃圾依然是不得不为之的事情，这与我们当初希望将垃圾分类回收处理变成一种时尚行为的想法相去甚远。

　　方案二相较之前的设计有了较大的改变，可以看作跳出了现有"垃圾分类回收处理箱"的概念，设计中也运用了模块化的方法使产品能适应不同环境，不过无论是形式上还是功能上都存在一些问题。形式上，我们依然可以看到在生活中类似产品的影子，如游戏机和一些投币使用的产品，显然学生是希望突出以玩游戏的方式实现　"废纸回收的过程变成自制生活用品的过程"这样的设计概念。借鉴游戏机的方式本无可厚非，但有两个问题我们必须清楚：其一，经过"借鉴"的设计必须具有游戏机的辨识度，但又不能被认为就是游戏机，否则就达不到我们的设计目的，或者说越像游戏机就越不像我们自己的设计。其二，我们到底需要借鉴游戏机的什么？游戏内容还是游戏方法？局部外观还是全部造型？这就要求我们对游戏机的概念有所研究，我们为什么会认识或识别游戏机？是通过什么识别的？我们甚至可以区别类似的不同产品设备而不会产生误解，这说明游戏机具有一定的符号性，我们只有找到这种符号性的东西才能真正用于设计。此方案虽不能说全无可取之处，但几个功能模块并没有整合成为一个让人耳目一新的设计，模块与模块之间的结合，以及它们与整体造型之间的关系缺乏系统考虑，不足以成为时尚的范例。功能上分为"放置纸张模块、定型模块、成品取出模块"三个部分，从技术的角度来看，其设计构想是否可行有待证明，但仅从三个模块的尺度来看应该难以满足现实生活中的需求。另外，垃圾分类回收处理桶（箱）作为公共设施还必须满足易安装、易维护等要求。

　　方案四功能上的问题暂且不说，仅从形式上来看也很难与《纸艺工坊》有任何关联。功能与形式的关系不是对立的，形式也可具有功能性。在本案例中初始的设计目标应该是观念上的突破，将"垃圾分类回收处理"变成一种时尚，这就要求形式上必须具备时尚的特征，这种形式不仅仅只是一个时髦的造型，它应该是形式与功能高度结合并能实现一种全新的生活方式，该方案无论是形式还是功能，与其说是"纸艺工坊"还不如说更像"邮箱"。面对上述问题，学生试图以沙漠中仙人掌的形象直接表达绿色环保的设计理念，方案修改如下图：

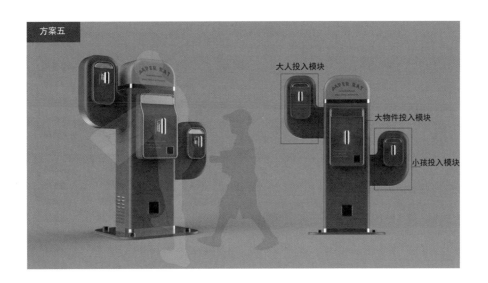

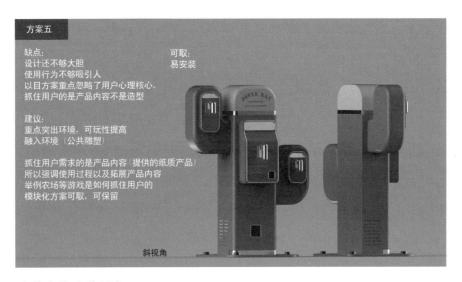

（学生作业截图）

形式在表达概念上有着其他方式无可比拟的优势，这是由形式自身的属性和特点所决定的，但绝不能使用"看图识字"式的简单方式，否则就失去了形式自身的语言魅力。我们知道形有"形状""形态"之分。"形状"是外表的、客观的，即人们常说的"外形"。对于表达的内容或者概念而言，"形状"仅仅只是事物对象外表的客观反映，并不具有深刻的内涵。如我们所说"这个东西是什么形状的，那个东西是什么形状的"就是一种客观的描述，并不包含对其的褒贬。而"形态"与"形状"不同，它是"形状"所呈现出的一种状态，如庄重、威严、高贵、华丽、轻松、流畅、朴实等，尽管对这种状态的解读来自人们的心理和意识，但它已经不再是一个纯粹且客观的"形状"了，而是包含着一定的含义，表达了一定的内容和概念。方案五虽然对仙人掌的形状做了提炼处理，但呈现的还是它的符号性，并没有上升到情感和内涵的高度，因此也就没有其象征意义。

"形"能够表达一定的思想情感是源于人们对"形"进行的选择，这就如同文字能表达思想情感是人们对文字进行的选择一样，人们对不同的文字进行排列组合就能形成一个完整的表达思想情感的形式，如果文字仅仅作为一种存在的客观符号或者一种类别，文字本身就失去了它表达的能力，这就如同客观存在的"形"一样不具有任何意义。既然文字表达思想情感需要人们对其进行选择、排列和组合，就说明了选择、排列和组合存在着一定的方法和技巧，这就是人们所说的写作方法和技巧，也正是因为有了这样的方法和技巧，才使得我们的文学作品在表达思想情感的方式上显得丰富多彩。如有的作品朴实无华，有的作品气势磅礴，有的作品细腻婉转，但最值得人们玩味的作品却是需要借助读者发挥自己的想象能力的作品，如《红楼梦》中对人物晴雯的刻画，读者知道晴雯的美貌在《红楼梦》诸多角色中是出了名的，然而作者在《红楼梦》中却从没正面描写过晴雯的美貌，而只是说她长得更胜于某某之类，甚至借描写一些反感她的人的嫉妒情绪来表现。这是因为作者对其他众多人物的描写越美丽，对晴雯的衬托作用就越大。因此，当读者读到有关晴雯的内容时，对晴雯美貌的理解是结合了想象力的，在你想象中有多美她就有多美，而且每一个人对美丽都有不同的想象，这就是文学艺术的魅力所在。

文学作品如此，那么对于造型艺术而言，"形"在思想情感的表达上又如何呢？这正是问题的所在，我们很多的文学作品搬上银幕之后，你会发现很多的人物形象与心中所想相去甚远。对于文学作品来说，再具体的描述也是抽象的，而对于以"形"作为表达手段的造型艺术来说，再抽象的"形"也是具象的，这就是两种不同形式艺术的特点。可是，如果说在这一点上造型艺术不如文学艺术，是造型艺术的局限，那么一对情侣无限深情的眼神中所包含的内容，你能用什么样的文字来描述呢？还有唯你所熟悉的那"一投足""一回眸"的内涵又能用什么样的文字来描述呢？相信任何文字的描述都不能替代你心中的具体形象。因此，我们不能说造型艺术对调动观众的想象力方面存在着不足，关键是我们能否抓住最能引起观众想象力的那一瞬间的形态。

在《纸艺工坊》案例中学生始终没有解决创意与造型相结合的问题，或者说始终没有找到合适的形态来表达创意，更不用说是能够调动观众想象力的造型，其主要原因还是思维上的问题，对抽象概念缺乏足够的认识和理解，对表达方式缺乏处理能力，而这种能力的培养才是设计专题课程的核心。

解决抽象概念的表达方法首先是理解。我们说过抽象的概念是去掉了具体形象代表的类别，因此我们可以换一种思维方法去思考，什么是这一类别中最典型的具体形象。在《纸艺工坊》案例中，"纸艺"作为抽象概念包含了所有以纸为材料的艺术形式，所以我们就要从中找出既能代表"纸艺"又能很好地结合设计的概念，同时还具有一定象征意义的具体形式，这就是我们解决创意与造型的具体方法。如"千纸鹤"就是大家非常熟悉的纸艺代表，它有着美丽的传说和深厚的文化底蕴，承载着人们的祝愿与祝福，是当之无愧的纸艺代表。如果我们用"千纸鹤"这个具体形象作为造型创意的素材，它不仅能很好地与我们的设计概念相结合，同时还能够很好地表达我们对绿色环保的愿望，以及给予我们美好幸福生活的祈福。因此用千纸鹤替代"纸艺"无疑是最好的选择，由此学生将设计主题由"纸艺工坊"更改为"千鹤纸艺"。

除此之外，"废纸回收的过程变成自制生活用品的过程"这个美好愿望的可行性也值得我们反思。它不仅涉及一系列的工艺、结构等技术问题，也涉及排污、排气等与环境相关的问题，更重要的是垃圾集中处理和分散处理，哪种方式更为科学也值得我们思考。为此，我建议学生只保留废纸回收、粉碎、压缩处理的功能，而将制作、置换的想法作为后台集中处理，这样回收的废纸经过粉碎、压缩就能极大地缩小体积，有效地增加了垃圾的储存量和提高了运输的效费比，而且可用于置换的品种也更多、更灵活。

明白了道理，更改了设计主题，也有了设计造型的素材，但是这并不意味着学生就能够处理好造型的问题。因为还有一个关键问题值得注意，否则就会对我们的设计造型产生影响，那就是"千纸鹤"只是"纸艺"的代表，而不是"纸艺"特点的代表。如果我们不能正确理解和把握纸艺的特点，使之与设计相结合，其造型之路依然漫长。

学生调整设计方案如下：

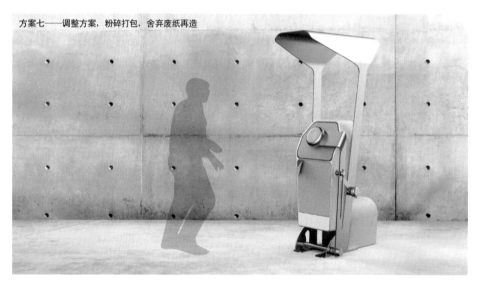

方案七——调整方案，粉碎打包，舍弃废纸再造

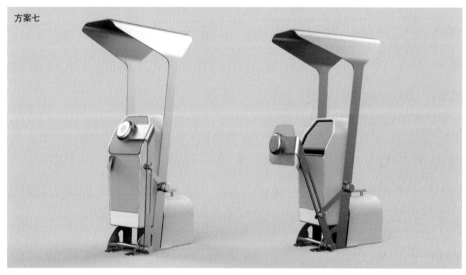

方案七

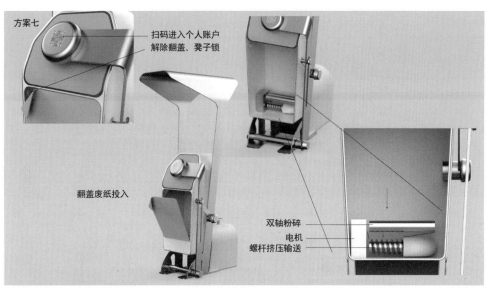

方案七

扫码进入个人账户
解除翻盖、凳子锁

翻盖废纸投入

双轴粉碎
电机
螺杆挤压输送

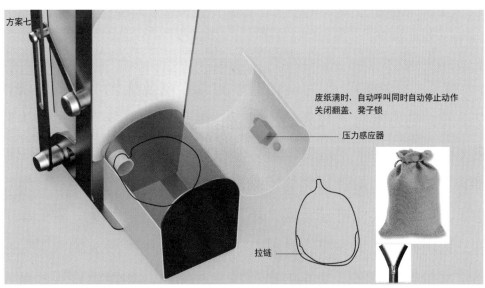

方案七

废纸满时，自动呼叫同时自动停止动作
关闭翻盖、凳子锁

压力感应器

拉链

方案七

咨询

定制
选择自己想要的产品
在产品指定位置绘画图案、文字
可绘制区域

废纸生活小创意
废纸再利用生活小创意教授

完成后点击确认，后台快递送上门

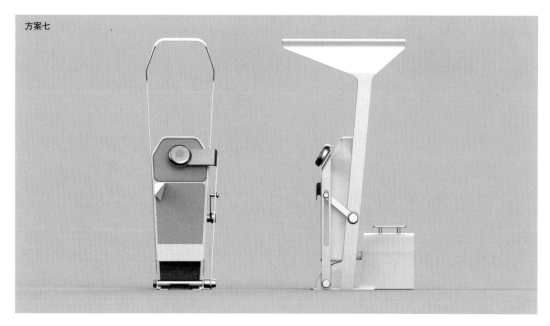

方案七

（学生作业截图）

由于有了"千纸鹤"作为设计造型的元素以及优化了功能模块，新方案相较于前面的方案有了较大的改进。首先是整体形象不会再让人联想起垃圾桶（箱），而是一个造型新颖、独立时尚的新形式，造型上也能很好地把握纸艺的特点，如带顶棚的支架和废纸投入口的门把手等，恰当地利用了剪纸、折纸的具体符号元素。不过这样的运用依然是一种简单的理解和表达，利用符号元素需要注意材料、工艺和体量等形成的视觉关系，否则就会显得单薄且简陋。功能上也存在一些问题，如投放垃圾的解锁翻盖门与凳子的结合、粉碎后的传送管、储备箱等，这些不合理的地方需要从使用流程、用户的角度仔细分析和推敲。据此学生对方案做了进一步的改进，加强了扭曲、弯折的视觉效果，突出了纸艺的特性。如下图：

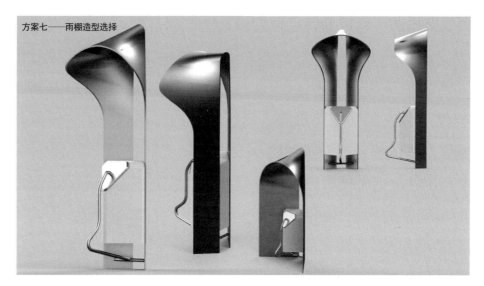

方案七——雨棚造型选择

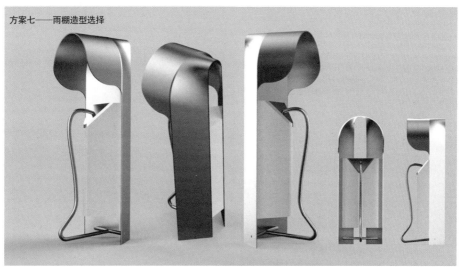

方案七——雨棚造型选择

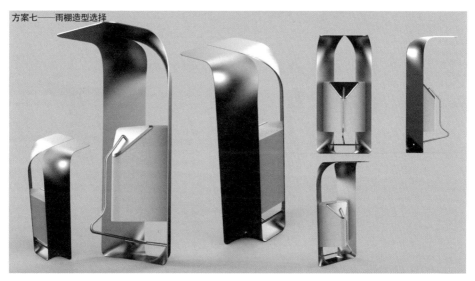

方案七——雨棚造型选择

（学生作业截图）

运用纸艺扭曲、弯折的特点作为设计造型的艺术语言并不等于一个有创意的造型，更不等于设计。它必须为了设计的主题服务，与设计形成一个自然的、不露痕迹的艺术整体，同时还需考虑材料的属性以及加工制造等问题，显然学生在运用纸艺扭曲、弯折特点的时候忘掉了"千纸鹤"这个设计主题，忘掉了设计的终极目的。

一个有创意的造型或者设计必须是经过我们对内容与形式、形式与造型等诸多因素完整的想象和组织。它包含着对于目的的理解、内容的表达和用户对于所表达的关系所起的作用，并且它们同时作用于目的。

下图为改进方案：

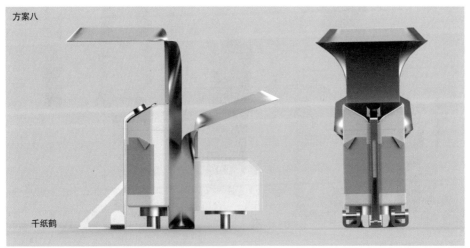

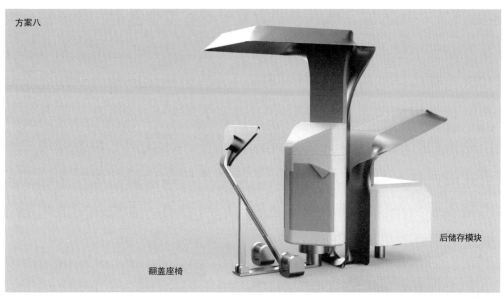

方案八

翻盖座椅

后储存模块

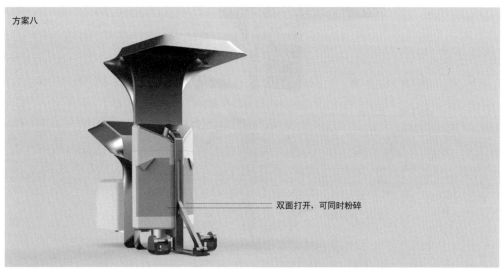

方案八

双面打开，可同时粉碎

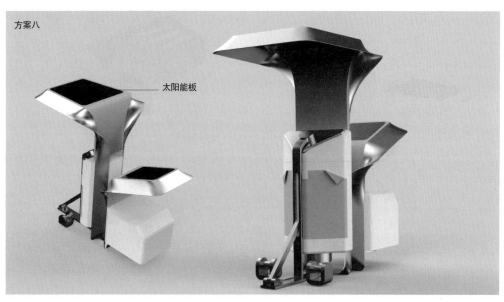

方案八

太阳能板

　　相较于上一个方案，改进后的方案虽然在整体造型、功能结合与设计主题等方面有了较大的提高，不过在造型上各部分的比例关系依然存在不协调和缺乏整体感的视觉效果的问题，尤其是翻盖座椅。从功能上分析用户是否愿意使用翻盖座椅首先取决于设备的维护和清洁度，以及投放废纸和操作系统的时间长短。其次是我们的愿望，即我们是否希望用户长时间停留于此的问题，显然长时间停留于此并不符合设备的使用率的要求。因此取消翻盖座椅不仅有利于整体造型，同时还有利于设备的使用率与维护等。据此学生修改方案如下图：

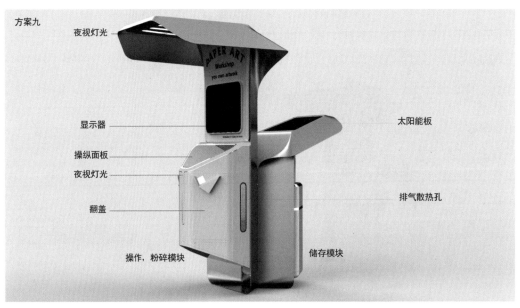

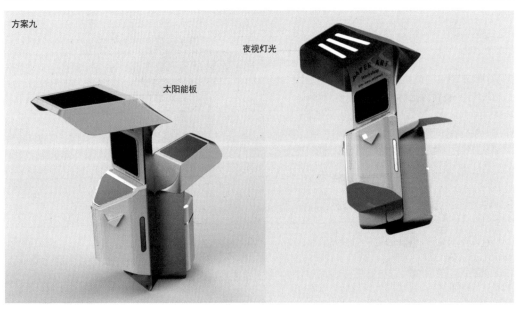

方案九

夜晚效果

方案九

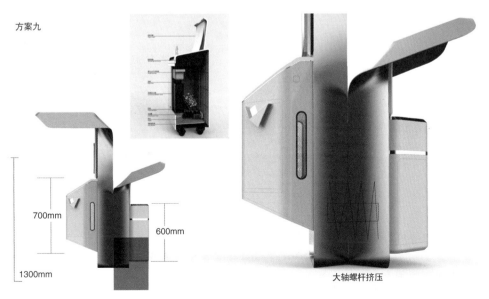

700mm

600mm

1300mm

大轴螺杆挤压

方案九

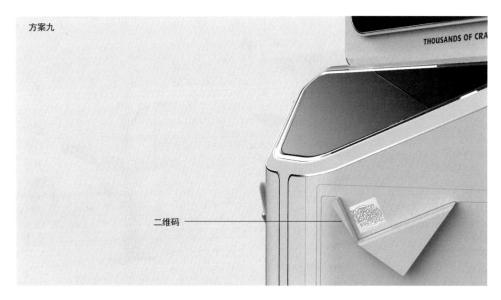

二维码

方案九

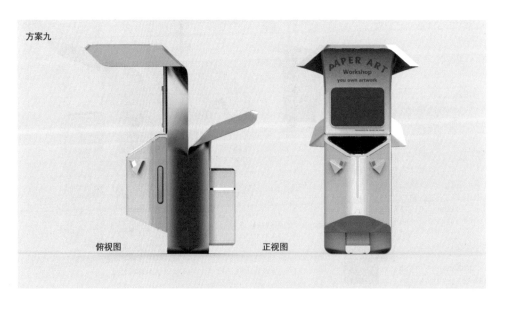

俯视图　　　　　　　　　　　　　正视图

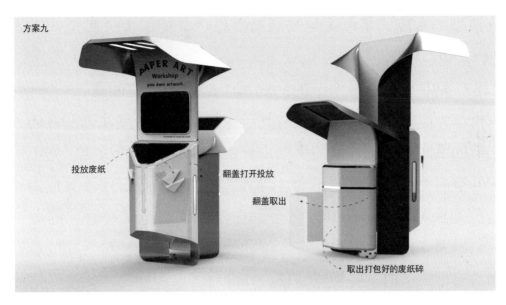

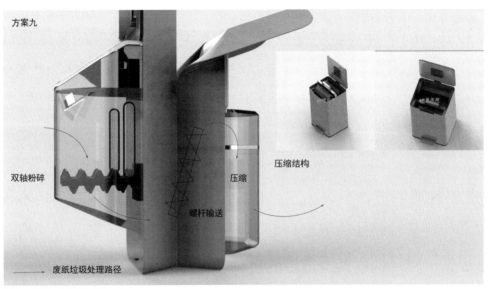

（学生作业截图）

去掉了翻盖座椅并做了一些细部调整，方案的整体感明显得到了加强，功能性也更为突出。不过整体造型的协调性和紧凑感以及局部的处理还是存在一定的问题，如顶盖和支架的面尺寸过大，视觉效果显得笨拙，顶盖和支架的弯折结构虽然突出了纸艺的弯折特点，但也极大地增加了加工难度。整体感需要反思设计的观念和目标，以及设计与环境关系、设计与用户的使用情景和流程等，所有这些都是为了将"垃圾分类回收处理变成一种时尚，这就要求形式上必须具备时尚的特征，这种形式不仅仅只是一个时髦的造型，它应该是形式与功能高度结合并能实现一种全新的生活方式"这一终极目标。

上述方案中一些造型细节的问题属于造型基础的问题，一方面，扭曲、弯折作为造型的方法和手段有其自身规律性的造型法则和技巧，它不同于二维的平面设计，二维的平面设计由于本身的性质决定了它不可能产生真正的空间关系，因此"扭曲、弯折"在二维的设计中不会成为一种专门的造型方法和手段，与其他图形的造型一样，也是一种"图形"的表现。另一方面"扭曲、弯折"在二维的设计中虽然与三维性质的设计一样保持和具有形式上的某些视觉特征，如曲线的"弹性""力度""流畅"等，但毕竟不涉及功能、结构、材料、空间等问题，因此"扭曲、弯折"在二维设计中的这种视觉特征仅仅只是一种来自"形"的基本属性及概念。尽管这种基本属性及概念对于二维与三维的设计有着相同的意义，但对于"形"或者"形体"的利用来说，二维的设计终究只是停留在视觉上，人们不可能真正地体验到这种"形"或者"形体"所带来的物理的空间感受。

与三维性质的设计不同，三维性质的设计对于"形"的利用不仅仅限于对"形"的某种特征的考虑，它在"形"与"内容"之间必须有一定的关联。"形"只是通过其本身的特征来调动人在视觉与思维方面的积极活动，并使其转换成一种认识上的前期情感准备。而"内容"则是在这个过程中逐步得到释放，最终形成"形"与"内容"的整体感。这一点就像我们认识人一样，我们说某个人很和善，其实指的是他的外貌给我们的一种感受，那么他是否真的很和善，还需要通过他的一些具体的行动细节来证明。或者说一个人的和善不仅有其外貌方面的特征，我们也能从他的为人处世的一点一滴中感受到。

最终设计展示如下图：

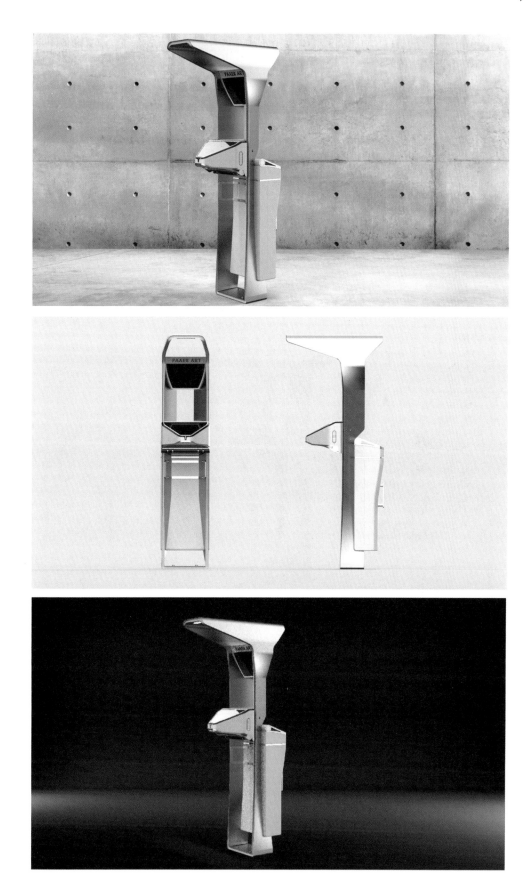

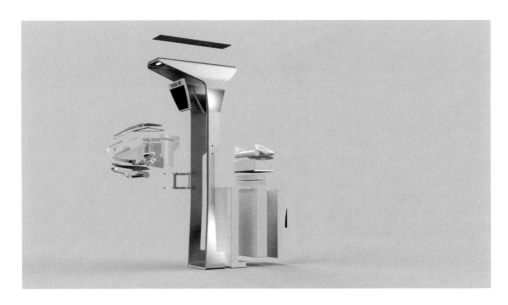

方案九修改

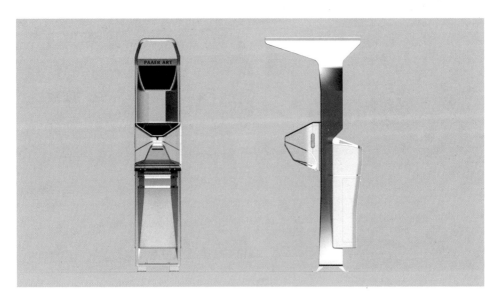

方案九修改

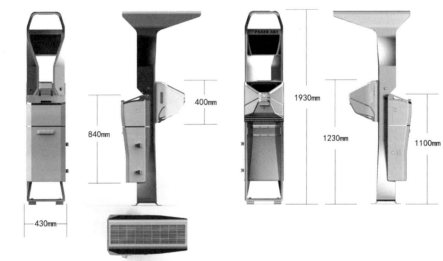

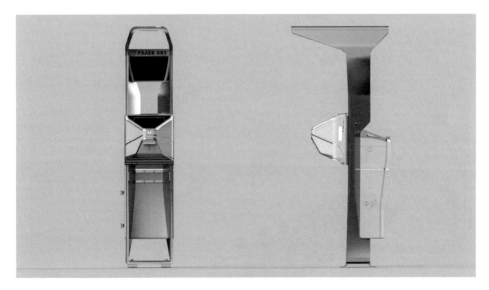

（学生作业截图）

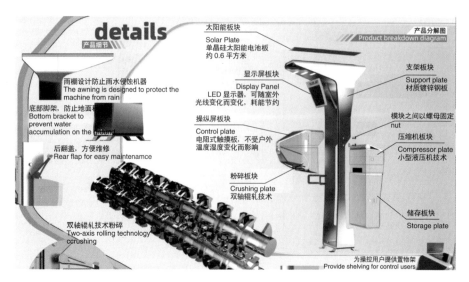

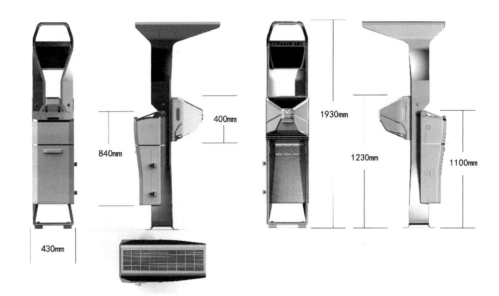

使用流程

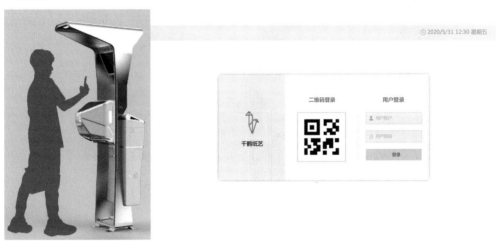

用户：159＊＊＊5201

积分余额：1000

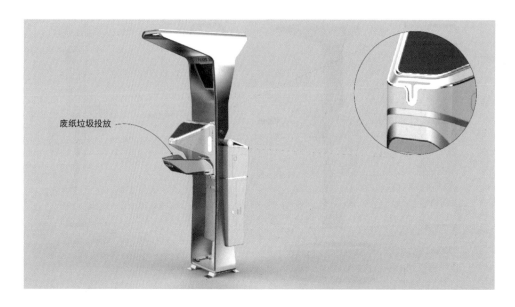

废纸垃圾投放

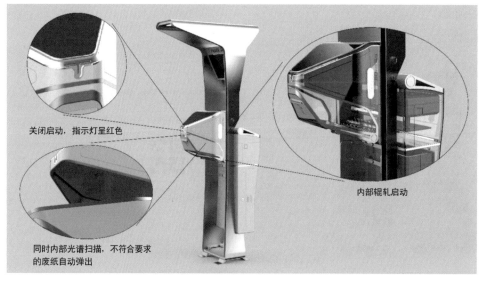

关闭启动，指示灯呈红色

同时内部光谱扫描，不符合要求
的废纸自动弹出

内部辊轧启动

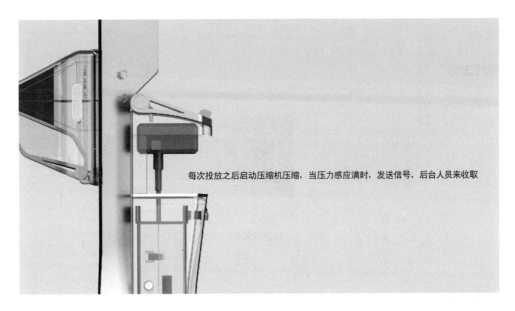

每次投放之后启动压缩机压缩，当压力感应满时，发送信号，后台人员来收取

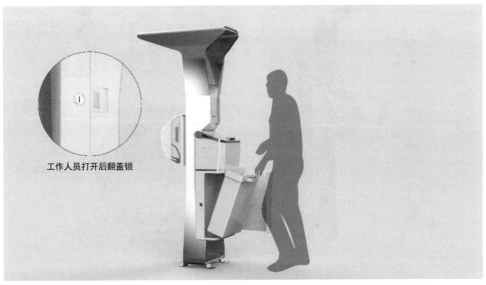

工作人员打开后翻盖锁

🕐 2020/5/31 12:30 星期五

👤 用户：159＊＊＊5201

💾 积分余额：1000

选择定制

  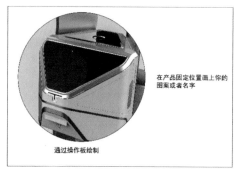

选择换取物资

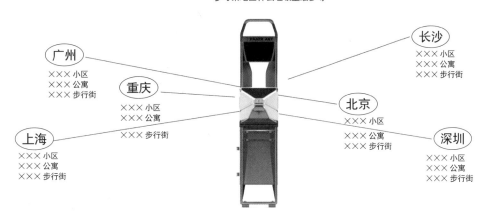

"千鹤纸艺"遍布全国各地区
通过大数据将各地区垃圾回收情况制成数据报告
参考某地区什么垃圾量最多等

广州
×××小区
×××公寓
×××步行街

重庆
×××小区
×××公寓
×××步行街

上海
×××小区
×××公寓
×××步行街

长沙
×××小区
×××公寓
×××步行街

北京
×××小区
×××公寓
×××步行街

深圳
×××小区
×××公寓
×××步行街

🕐 2020/5/31 12:30 星期五

选择资讯

xxx 地区
废纸垃圾年度报告
积分 1000

xxx 地区
废纸垃圾年度报告
积分 500

xxx 地区
废纸垃圾年度报告
积分 500

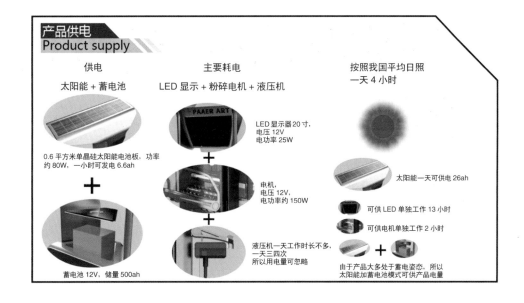

产品供电
Product supply

供电
太阳能 + 蓄电池

主要耗电
LED 显示 + 粉碎电机 + 液压机

按照我国平均日照
一天 4 小时

0.6 平方米单晶硅太阳能电池板,功率约 80W,一小时可发电 6.6ah

LED 显示器 20 寸,
电压 12V
电功率 25W

电机,
电压 12V,
电功率约 150W

液压机一天工作时长不多,
一天三四次
所以用电量可忽略

蓄电池 12V,储量 500ah

太阳能一天可供电 26ah

可供 LED 单独工作 13 小时

可供电机单独工作 2 小时

由于产品大多处于蓄电姿态,所以太阳能加蓄电池模式可供产品电量

千鹤纸艺——废纸回
收机

paper crane-Waste paper recycling

machine

千鹤纸艺——废纸回收机
paper crane-waste paper recycling machine

设计说明
DESIGN SPECIFICATION:

"千鹤纸艺"是以崇尚环保为理念的垃圾分类回收系统。从形象上树立起现代生活高雅的环保意识，区别于传统的"说教，强制"以及单一的利益模式，同时在内容上以全新的方式结合用户兴趣点多元化引导用户进行垃圾分类，并且将分类好的垃圾即时处理，避免第二次混淆；目的在于以"废弃纸制品的回收"为例，从而探索我国垃圾分类更有效的解决方案。

THE TRADITIONAL MODEL
传统模式

垃圾桶　The trash
宣传　propaganda
教育　education

PAPER CRANE
千鹤纸艺

时尚　fashion
多元化　diversified
兴趣　Interest in

设计概念
CONCERT
The design concept

千鹤纸艺
paper cranes

灵感来源：千纸鹤
inspiration

● 千纸鹤有祝福、祈祷寓意
祝福环境的改善，祈祷资源的可持续利用

● 本身就是由纸张折叠、辨识度高

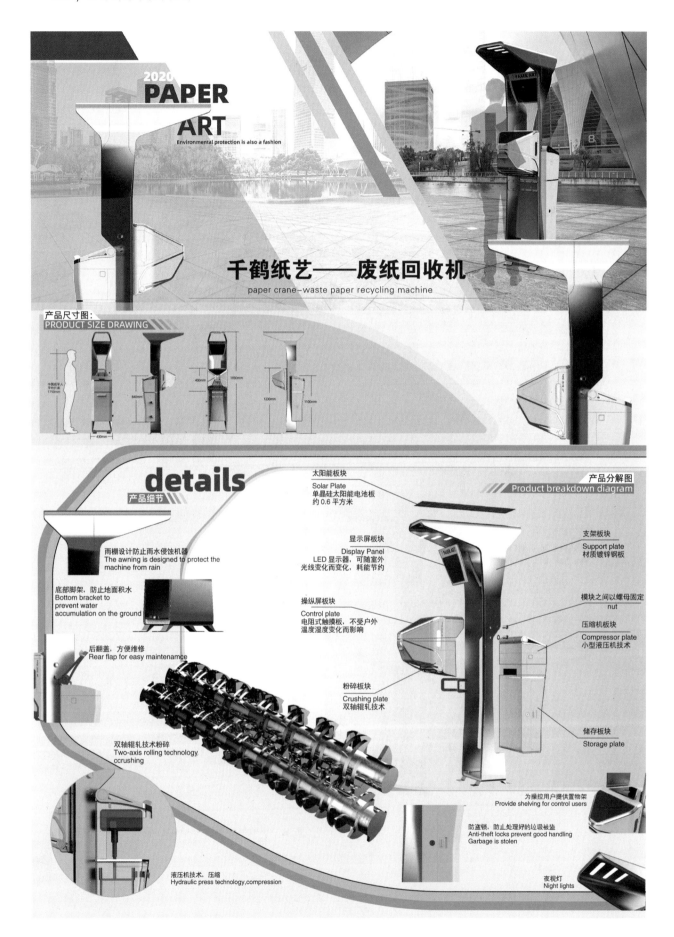

2020
PAPER
ART
Environmental protection is also a fashion

千鹤纸艺——废纸回收机
paper crane–waste paper recycling machine

产品尺寸图：
PRODUCT SIZE DRAWING

中国成年人
平均升高
1750mm

430mm

840mm

400mm 1690mm

1220mm 1100mm

details
产品细节

雨棚设计防止雨水侵蚀机器
The awning is designed to protect the machine from rain

底部脚架，防止地面积水
Bottom bracket to prevent water accumulation on the ground

后翻盖，方便维修
Rear flap for easy maintenamce

双轴辊轧技术粉碎
Two-axis rolling technology, ccrushing

液压机技术，压缩
Hydraulic press technology,compression

太阳能板块
Solar Plate
单晶硅太阳能电池板
约 0.6 平方米

显示屏板块
Display Panel
LED 显示器，可随室外
光线变化而变化，耗能节约

操纵屏板块
Control plate
电阻式触摸板，不受户外
温度湿度变化而影响

粉碎板块
Crushing plate
双轴辊轧技术

产品分解图
Product breakdown diagram

支架板块
Support plate
材质镀锌钢板

模块之间以螺母固定
nut

压缩机板块
Compressor plate
小型液压机技术

储存板块
Storage plate

为操控用户提供置物架
Provide shelving for control users

防盗锁，防止处理好的垃圾被盗
Anti-theft locks prevent good handling Garbage is stolen

夜视灯
Night lights

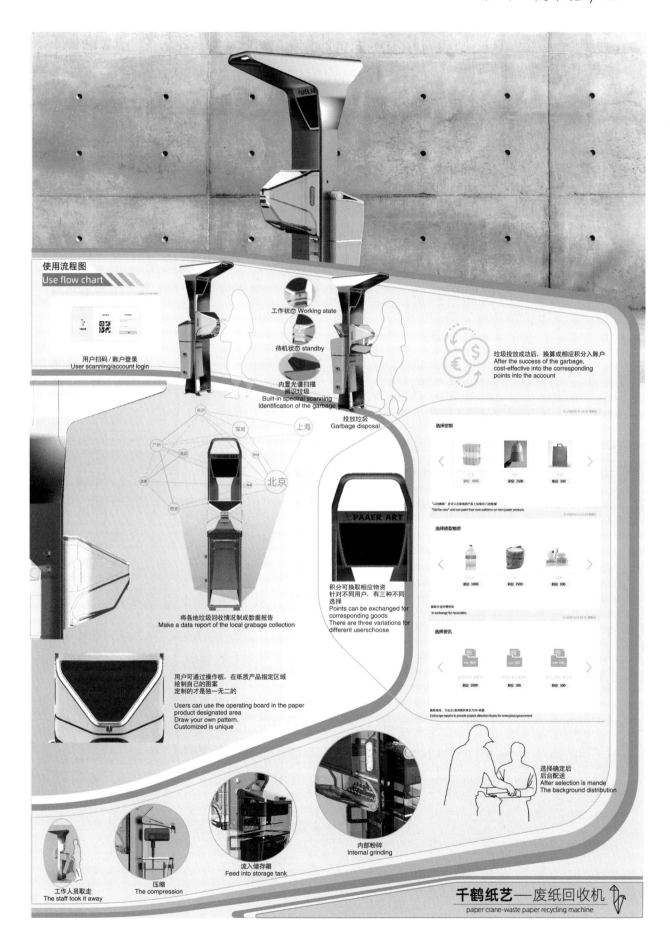

使用流程图
Use flow chart

用户扫码 / 账户登录
User scanning/account login

工作状态 Working state

待机状态 standby

内置光谱扫描
辨识垃圾
Built-in spectral scanning
Identification of the garbage

投放垃圾
Garbage disposal

垃圾投放成功后，换算成相应积分入账户
After the success of the garbage,
cost-effective into the corresponding
points into the account

将各地垃圾回收情况制成数据报告
Make a data report of the local grabage collection

用户可通过操作板，在纸质产品指定区域
绘制自己的图案
定制的才是独一无二的

Users can use the operating board in the paper
product designated area
Draw your own pattern.
Customized is unique

积分可换取相应物资
针对不同用户，有三种不同
选择
Points can be exchanged for
corresponding goods
There are three variations for
different userschoose

选择定制
"以旧换新" 且可以在新纸质产品上绘制自己的图案
"Old for new" and can can paint their own patterns on new paper products.

选择换取物资
In exchange for necessaries

选择资讯

换取报告，为企业 / 政府提供项目方向 / 依据
Exchange reports to provide project direction/basis for enterprise/government

选择确定后
后台配送
After selection is mande
The background distribution

工作人员取走
The staff took it away

压缩
The compression

流入储存箱
Feed into storage tank

内部粉碎
Internal grinding

千鹤纸艺——废纸回收机
paper crane-waste paper recycling machine

（《千鹤纸艺——废纸回收机》获2020东方创意之星金奖，全国大学生工业设计大赛铜奖，广东省第十届"省长杯"工业设计大赛优秀奖等）

3. 造型之理

创意与造型的关系有一个成语比喻颇为贴切，即"心想事成"。"心想"指的是愿望，我们心想之事，也就是创意，而"事成"则难免有些祈福的味道，真正想"事成"则必须明白"成事"之理，也就是造型之理。"心想"乃是我们要为之事，是观念指导下的概念体现，而"事成"则是具体"成事"的方法体现。

在案例中我们看到了"垃圾分类回收处理箱（桶）"与"纸艺工坊"的关系，还看到了"纸艺"与"千纸鹤"的关系，以及"千鹤纸艺"与"千鹤纸艺——废纸回收机"的关系，透过这些关系我们一方面可以看到视觉的对象在剥离了它原有的概念后，游离于认识与概念之间成为设计创新的元素，另一方面我们还可以看到这些元素在设计中并不能直接上升为设计对象，所以，这就需要我们根据设计对象的要求结合给予我们启示的元素进行加工整合，而这种加工整合的结果就是我们常说的造型。它需要考虑两个方面的问题，第一是"使用功能"的问题，任何有创意的元素都必须与使用功能完美结合。第二是"形"的问题，我们所谓的造型实际上就是在设计对象的特点与元素的特点之间进行有效处理的结果，最终求得在不影响设计对象的特点的同时还尽可能地体现出元素的特点。具体地讲，以"千纸鹤"与"千鹤纸艺——废纸回收机"为例，"千纸鹤"只是启发我们思维的元素，它除了纸艺的形式特点外，同时还有美好祝福的含义。但是千纸鹤毕竟不是废纸回收机，也不具备废纸回收的条件，如果我们的设计要取千纸鹤的外形和美好祝福的含义作为创新的元素，就必须在形式上对其进行加工处理，或者说我们的设计构思是一个包含着"千纸鹤"纸艺的形式特点与废纸回收机的功能、作用相结合的整体形式，这个结合后的整体形式起码在视觉与认知上具备废纸回收机及"千纸鹤"纸艺的特点，否则元素的价值将不复存在。

这里我们必须注意"结合后的整体"这样一个概念，它就是我们所讲到的"形体"的问题。我们的思维在对创新元素和设计对象整合处理后会以一种我们俗称为"形式""形态"的方式出现，这一点尤为重要，它是我们进行再加工的基点。"形式"或者"形态"只是表达事物、对象的两个不同方面，而对于这两者的加工，将它们归纳为一个整体，即"形体"将更有助于我们对对象的把握和控制。这就像我们生活中常说的"减肥"的概念，减肥是我们对身体的形体所进行的一种修改，或者说"塑造"。而形态则是由我们身体的体形所表现出来的具有某种内涵、气质的状态。这就是为什么与此相关的行业只能叫作"形体塑造"，而非"形态塑造"的缘故。因此，对于"形"的加工，我们使用"形体"这一概念更加准确、直接，也更加客观。

明确了形体的概念后，我们对造型的理解将变得更加容易。所谓造型其实主要反映的就是对形体进行加工和组织的处理手段，以《千鹤纸艺——废纸回收机》案例为例，我们可以这样描述：它像一片板材弯折而成的架子，或者类似"纸艺"特点弯折的架子并在其前后夹着两个实体。由此可以看出，这里我们所说的"弯折""扭曲"等都是一些行为的动词，反映的都是对对象进行的加工手段。

不过就造型而言，对形体进行加工或塑造远非我们的目的。前面我们曾说过形体是客观的，只反映比例、大小、平衡等视觉上的美学关系，不具有任何的深层的内涵。如"减肥"的概念中我们说身体"太肥"或者腰部太粗等，只是针对目前身体形体的客观状态是否符合我们的审美要求，并不包含高雅、时尚等气质和感受。但毕竟高雅、时尚的气质要靠身体的形体来体现，因此对身体的形体进行修改就是为了满足这一条件。同样，我们对设计对象的形体进行加工就是希望能使其符合一定的条件，使我们能从形体上得到一种感受，或者在视觉上要能看出某种倾向，尽管这种感受仅仅只是整体的初步感觉，或现代，或时尚，或立体，或平面，但从人们认识和感受的角度出发这已足够了。

—[第三章　痛点与本质]—

1. 痛点与本质

不知什么时候开始"痛点"竟成了设计界创意、创新的法宝，一时间设计讲"痛点"、讨论"痛点"蔚然成风，大有设计思潮思变之风，设计方法升级换代之势，可是其结果并不尽如人意。在设计教学中学生常说"找不到痛点"或者"痛点不痛"之类，设计界也存在类似的情况，这不能不说是一个尴尬的处境，而是否具有一定的讽刺性则仁者见仁、智者见智。

"痛点"一词的来源我们不做深究，其定义和说法也不尽相同，但主要是围绕着"尚未被满足，而又被广泛渴望的需求"这一基本内容，其中主要有"用户价值说""用户体验说"等。"用户价值说"提出"以用户为焦点，为用户创造价值"，它们认为"满足用户的功能需求是基础，而满足用户的心理需求才是建立起用户价值体系的关键"。"用户体验说"主要聚焦于"产品"与"服务"的关系，强调服务的延伸和扩展。无论是"用户价值说"还是"用户体验说"，其基本核心都是"以用户为中心，以满足用户需求为目标"。

　　"以用户为中心，以满足用户需求为目标"本无可非议，不过有些问题还是值得我们思考。用户研究起源虽说法不一，但随着20世纪70年代个人电脑的兴起逐渐被人们所重视，心理学家和工程师开始关注电脑界面和操作系统所存在的问题，1995年，唐·诺曼（Don Norman）提出"用户体验"这一术语而被誉为"用户体验之父"，"用户体验"一词才被广泛认知。随着互联网的发展和日益激烈的市场竞争，用户研究与用户体验的性质、目的、任务也随之不断地发展和深化，同时也越来越受到企业、设计师的重视，成为企业和设计师设计、研发的重要方法和手段。各种用户体验中心层出不穷，乃至成为今天企业设计、营销等决策过程中不可或缺的一个重要环节，并且衍化成为设计流程的第一步。我们不否认用户研究和用户体验对当今企业设计、营销等方面所起的作用，但也决不可以过分夸大其作用，以偏概全，更不能将其视作设计中的灵丹妙药。首先，我们要明白用户研究和用户体验并不是一个开天辟地的新事物，设计发展至今包含着对人、对消费者、对用户、对需求的许多研究，许多经典设计流传至今，多少百年老店、知名品牌如今依然闻名于世，很难想象它们的生存是能够离开用户而独自存在。所以，我们必须以科学的态度、冷静的思考去对待用户研究与设计的关系。其次，用户研究对于企业和市场营销的性质、任务、目的不同于设计，不能将用户研究与设计过程中对问题的思考混为一谈，更不可能取而代之。这是由它们的性质所决定的，我们知道用户研究的重点在于研究用户的痛点，包括前期用户调查、情景实验等，这就注定了用户研究对于设计的局限性。所谓研究和寻找用户的"痛点"或者"需求"从概念和逻辑关系上存在两个方面的问题，第一表明它们是已经"存在"的东西，我们的设计任务就是寻找，这就意味着设计思维从一开始就陷于被动，我们的思维于无形中局限在"现有"或者"现状"之中。我们以本书第二章中"千鹤纸艺——废纸回收机"为例，无论是从用户的角度考虑问题，还是寻找现有垃圾分类回收箱（桶）的"痛点"，最终都不可能出现"千鹤纸艺——废纸回收机"，这是因为用户研究的对象是"痛点"，设计研究的对象是问题。第二是关于满足"需求"的问题，从逻辑上来说设计是为了满足需求还不如说是扩大了需求，如果设计仅仅只是为了满足需求，那么说明设计是滞后的行为，科技引领生活也就成了悖论。我们必须认识到没有科学技术的发展、社会的进步，就没有生活水平和认识水平的提高，没有了这些前提条件自然也就没有需求，所以满足需求是相对的、被动的，扩大需求是主动的，只有这样理解，设计才有了广大的空间。

2. 现象与本质

"本质"不同于"痛点"，我们说过"痛点"是基于"现有"或者"现状"，是基于局部，对于设计而言充其量就是改良设计。本质与现象相对，指的是事物根本性质和内部联系，强调脱离具体的形象和现状从根本上考虑问题。以《千鹤纸艺——废纸回收机》作品为例，在设计造型的时候我们需要有具体对象作为思考的依据，但是对于问题的思考我们在初始的时候就必须脱离现状思考最终目的，这就如同战争中"战略"与"战役"的问题。为了更好地说明"痛点"与"本质"对设计思维的影响，此小节以设计教学中一个防疫产品"飞沫净化器"设计为例，当然"飞沫净化器"的称谓是否准确有待商榷。学生的设计选题源自新冠病毒防疫初期为了防止飞沫传播而在桌上设置的隔板，如下图：

疫情期间企业人员堂食的现象

餐厅的桌上隔板

01 现有状况分析

芬兰阿尔托大学等四个科研机构进行了一项病毒传播模拟实验

实验显示
如果有新冠肺炎患者在超市这样的密闭
空间里咳嗽，病毒就能瞬间沿着过道扩散
开来

1分钟后，病毒就蔓延到了整个通道，并
且穿过货架

2分钟后，病毒就扩散到了旁边的过道

6分钟过后，病毒的浓度有所下降，但是
并没有完全消失

测试结果表明：新冠病毒可以传播很远的距离，并且在几分钟之内一直存留在空气中。

（学生作业截图）

设计开始之初学生就聚焦于桌上设置的隔板，试图以用户研究、分析"痛点"的方法寻找设计创意点，结果如前所述"找不到痛点"，或者"痛点不痛"。找不到"痛点"是必然的，这是因为设计思维从一开始就局限于桌上的隔板，而不是思考有效隔离飞沫传播的方法。另一个原因就是对"隔离"的理解问题，习惯上人们理解"隔离"就是隔断、阻隔，因此隔板就是首先能想到的形式。关于"隔离"其实生活中不乏类似的场景和产品，只不过它不叫"隔离"，它的原理也不是"隔离"，而是采用"抽排"的方式，日常生活中我们为了防止厨房油烟的扩散就是使用抽油烟机达到这一效果的。能够防止油烟的扩散难道就不能防止飞沫扩散吗？由此可见"隔离"和"抽排"本来有着异曲同工的作用，但在我们知识结构中它们属于完全不同的两个概念。至于哪一种方法对阻止飞沫传播更有效则有待设计的验证，但从思维的角度反映了现象与本质的关系。下图为学生作业《飞沫净化器》：

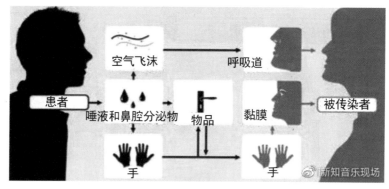

飞沫传播

新型冠状病毒感染是一种呼吸道传染病，近距离的飞沫传播是主要的传播途径。

空气飞沫　呼吸道

患者　唾液和鼻腔分泌物　物品　黏膜　被传染者

手　手

飞沫传播，即空气飞沫传播，是空气传播的一种方式。病原体由传染源通过咳嗽、喷嚏、谈话排出的分泌物和飞沫，使易感者吸入受染。流脑、猩红热、百日咳、流感、麻疹等病，皆通过此方式传播。

飞沫传播的三种方式

1. 经飞沫传播
(droplet transmission)

含有大量病原体的飞沫在病人呼气、喷嚏、咳嗽时经口鼻排入环境，大的飞沫迅速降落到地面，小的飞沫在空气中短暂停留，局限于传染源周围。因此，经飞沫传播只能累及传染源周围的密切接触者

2.经飞沫核传播
(droplet nucleus transmission)

飞沫核是飞沫在空气中失去水分后由剩下的蛋白质和病原体所组成。飞沫核可以**气溶胶**的形式漂流到远处，在空气中存留的时间较长，一些耐干燥的病原体如白喉杆菌、结核杆菌等可以此方式传播

3.经尘埃传播
(dust transmission)

含有病原体的较大的飞沫或分泌物落在地面，干燥后形成尘埃，易感者吸入后即可感染。凡对外界抵抗力较强的病原体，如结核杆菌和炭疽杆菌芽孢，均可以此种方式传播

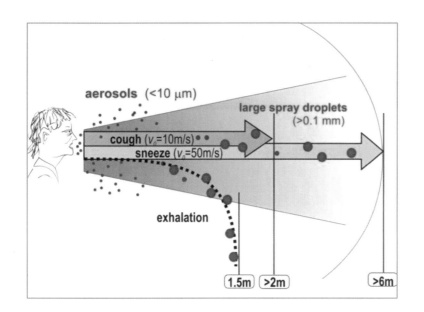

问题：如何防止在吃饭过程中口沫飞溅？

解决方法

吸走在空气中的口沫并杀菌消毒
净化空气

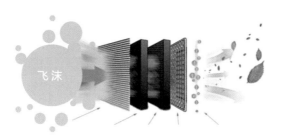

问题：如何防止在吃饭过程中口沫飞溅？

产品定义

核心功能

- 防止口沫飞溅、传播
吸走在空气中的口沫

- 净化空气
杀菌消毒

硬件

- 风机
- UVC紫外线LED
- 滤网
- 功能按键
- pcb
- 电池
- 提示灯

硬件

可定制滤网类型
CUSTOMIZABLE SCREEN TYPE

HEPA集尘过滤网

高效低阻符合滤纸
有效去除0.3微米以上颗粒物

飞沫：一般认为就是 > 5um 的含水颗粒

过滤效率	H10 H11 H12 H13	HEPA辐宽	10~800mm
HEPE折高	8 ~ 150mm	HEPA长度	10 ~ 2000mm

硬 件

滤 网

聚丙烯 (Polypropylene，简称PP)

医疗用口罩一般都是多层结构

简称为SMS结构

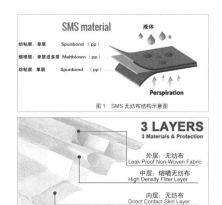

硬件——风机

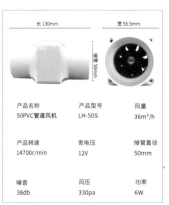

产品名称	产品型号	风量
50PVC管道风机	LH-50S	36m³/h
产品转速	宽电压	接管直径
14700r/min	12V	50mm
噪音	风压	功率
38db	330pa	6W

硬件——UVC 紫外线 LED

杀灭细菌有效曲线

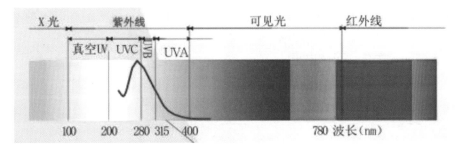

UVC：

紫外线的 UVC 波段，波长 200 ～ 275nm，又称为短波灭菌紫外线。日光中含有的短波紫外线几乎被臭氧层完全吸收

杀菌效果

UVC: 紫外线的 UVC 波段，波长 200 ～ 275nm

UVC 强度（W/m²） = 紫外线的 UVC 波长（nm）× 照射面积（cm²）

- **照射剂量和时间：**不同种类的微生物对紫外线的敏感性不同，用紫外线消毒时必须使用照射剂量达到杀灭目标微生物所需的照射剂量。
- 杀灭一般细菌繁殖体时，应使照射剂量达到 10000uW.s/CM²。
- 杀灭细菌孢子应使照射剂量达到 100000uW.s/CM²。
- 病毒对紫外线的抵抗力介于细菌繁殖体和细菌芽孢之间；真菌孢子的抵抗力比细菌芽孢更强，有时需要照射到 600000uW.s/CM²。
- 在消毒的目标微生物不详时，照射剂量不应低于 10000uW.s/CM²。

照射剂量（J/m²） = 照射时间（s）× UVC 强度（W/m²）

设 计 方 案

飞 沫 净 化 器

FOAM PURIFIER

定位: 个人便携飞沫净化器

情 感 板

Emotional bo

清 新

简 约

品 质

亲 和

飞 沫 净 化 器

Foam purifier

便 携

个 人

消 毒

杀 菌

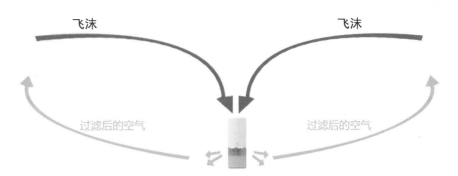

飞沫净化器

Foam purifier

一款在吃饭时使用的飞沫净化器 适用范围 2.25m²

适用范围 2.25㎡

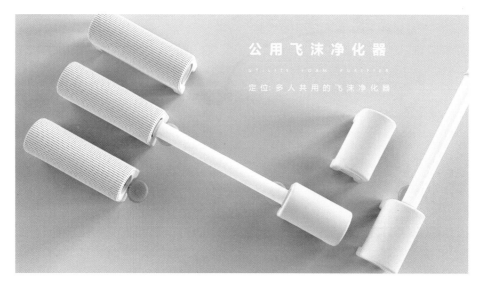

公用飞沫净化器
UTILITY FOAM PURIFIER
定位:多人共用的飞沫净化器

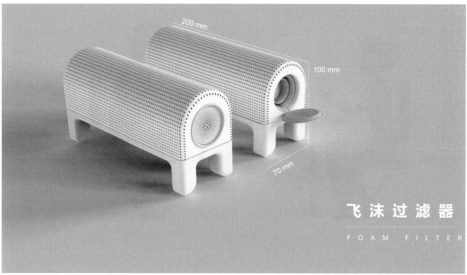

飞沫过滤器
FOAM FILTER

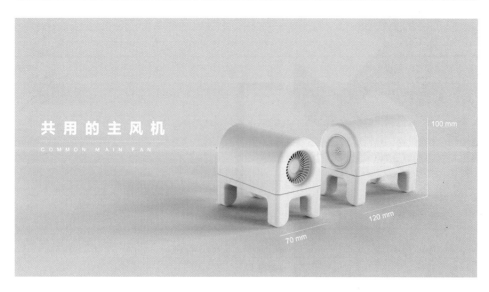

共用的主风机
COMMON MAIN FAN

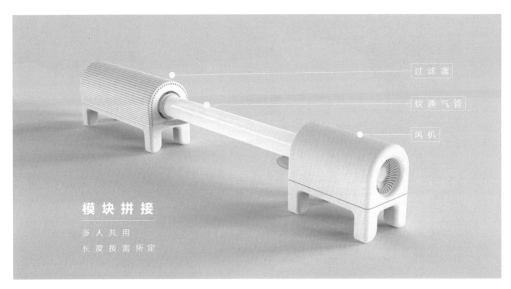

过滤器

软通气管

风机

模 块 拼 接

多 人 共 用

长 度 按 需 所 定

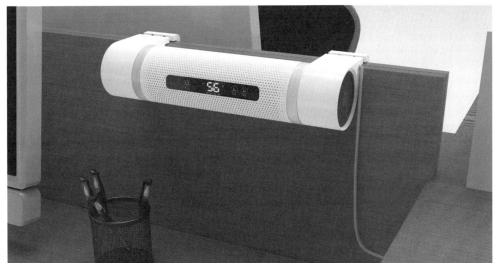

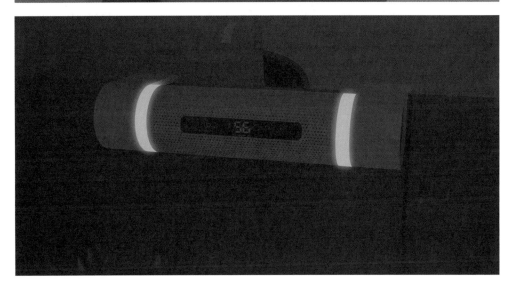

智能公共空气净化器
INTELLIGENT PUBLIC AIR PURIFER

侵袭各地的雾霾和全球爆发的新型冠状病毒对人们生活造成了直接的影响，人们在公共室内环境工作、学习的时间占了日常所需。这是一款专门针对公共室内环境的悬挂式空气净化器，既节约了使用空间，也为人们营造了一种舒适健康的环境。

晚上无人时，紫外线灯杀菌消毒

① 夹持结构合并状态　3cm

② 夹持结构展开状态　5cm

③ 触屏调控档位与切换功能

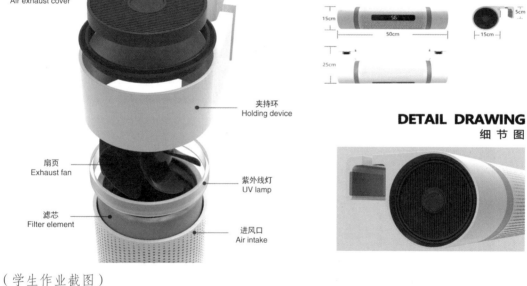

出风扇盖
Air exhaust cover

扇页
Exhaust fan

滤芯
Filter element

夹持环
Holding device

紫外线灯
UV lamp

进风口
Air intake

SIZE CHART
尺寸图

15cm　50cm　5cm　15cm　25cm

DETAIL DRAWING
细节图

（学生作业截图）

　　《飞沫净化器》只是学生设计课程的一个构想或者思路，设计是否合理、是否有效有待进一步研究，作为设计课程的重点是为了提高学生对问题的思辨能力，不随波逐流、人云亦云，能够透过"现象"看"本质"，以"本质"问题为核心，从需求的不同层面去处理、解决问题，从而灵活处理"现象"与"本质"的关系。

3. 教学案例

"现象"与"本质"的问题并不总是如《飞沫净化器》的设计过程这般，仅仅只是认知与概念反映在思维方面的问题。"现象"在生活中随着时间的推移往往会成为一种生活习惯，人们的思维也会在不知不觉中接受这个现实，特别是当它成为一个社会问题时，"现象"的真实性会模糊了"本质"的真实性，理解本质问题也就变得更加复杂。需求同样会反映在多个层面，毕竟"本质"与"现象"在具体的设计中不是一个脱离生活的纯理论问题，它牵扯到社会、经济、技术、生活习惯、观念等方方面面，对于需求往往只能采取循序渐进的方法，如垃圾处理的问题就是如此。垃圾处理问题已经成为一个社会问题，在怎么处理垃圾的问题上存在着各种不同的意见和方法，有政策层面的，有技术层面的，也有人们惯性思维和已经形成的生活习惯等素质方面的问题。但是随着我国城镇化进程的加快以及人民生活水平的提高，城镇生活垃圾每年以5%～8%的速度递增，这是一个我们不得不面对的现实。根据环保部发布的《2016年全国大、中城市固体废物污染环境防治年报》显示，2014年在244个大、中型城市生活垃圾产生的量重达16816.1万吨，垃圾堆存量已达60亿吨，占用耕地5亿平方米，全国660个城市中有200个城市陷入垃圾包围之中，[①]垃圾围城给中国的城市敲响了警钟。国务院办公厅最近转发了国家发展改革委、住房城乡建设部的《生活垃圾分类制度实施方案》，方案中明确，在直辖市、省会城市、计划单列市以及第

---

① 中华人民共和国国家发展和改革委员会"十三五"全国城镇生活垃圾无害化处理设施建设规划［EB/OL］.http://www.ndrc.gov.cn/zcfb/zcfbtz/t201701/t20170122_836016.html.2016.

一批生活垃圾分类示范城市的城区范围内先行实施生活垃圾强制分类。到2020年年底，基本建立垃圾分类相关法律法规和标准体系，形成可复制、可推广的生活垃圾分类模式，在实施生活垃圾强制分类的城市，生活垃圾回收利用率达到35%以上。[①]

然而国内城市生活垃圾分类回收处理概况到底如何呢？造成垃圾围城的严重局面究其原因是多方面的，多数人将其归咎于我国经济建设和城市化进程飞速发展的结果，也有人认为是政府对垃圾处理资金投入不够、宣传教育力度不够，以及人们保护环境意识薄弱等原因所造成的。当然上述原因是不争的事实，但是不得不说在垃圾处理的问题上我们的观念存在着一些误区，或者说是观念上的落后。如果说我国经济建设和城市化进程飞速发展是必然的趋势，那么一定规模的城市就必须有与之相匹配的垃圾处理能力以及与之配套的资金。这一点并没有什么问题，可是问题在于垃圾处理是一个整体的概念，实际上它应该分为"垃圾的管理"和"垃圾的处理"两个部分。垃圾的管理是观念和政策的体现，它决定了垃圾处理的方式和方法。而垃圾的分类收集、转运乃至垃圾的最终处理则是具体实施的过程和技术手段。而我们的现状是只重视垃圾的末端处理，就是加大对垃圾填埋场、垃圾焚烧厂等的投入，对于前端垃圾的分类收集、转运的重视不够，缺乏前端垃圾分类收集、转运的有效机制和具体实施的设备，这种落后的观念直接造成了垃圾越多、需要的垃圾处理厂越多，需要的资金就越多的恶性循环，甚至还导致了一些社会矛盾的产生。

我们不能说垃圾焚烧厂有什么不好，但这是否就是垃圾处理的唯一方法，或者说是最好的方法？毕竟"生态环保"和"可持续发展"不是靠焚

---

① 张瑞久，逄辰生. 美国城市生活垃圾处理现状与趋势［J］.节能与环保，2007（11）；11-13.

ZHANG Rui-Jiu,FENG Chen-Sheng. *Status and Trends of Municipal Solid Waste Treatment in the United States*［J］.*Energy Conservation and Enviromment Protection*.2007（11）；11-13.

烧出来的。试想如果我们能在前端将问题处理得更好，是否就没有那么多垃圾可焚烧？毕竟垃圾的焚烧处理本身也是一种资源浪费。可为什么世界发达国家大多如此？也许垃圾的前端处理其成本远大于它的利用价值，垃圾采用填埋或者焚烧是不得已而为之。如果这就是问题所在，那么研究一种简单、易行且低廉的垃圾前端分类收集处理方式，以及如何再循环利用的方式将具有重大意义。

国外城市生活垃圾分类回收处理与国内相比有很多可借鉴的地方，一些发达国家垃圾处理技术已有几十年的发展历史，已经探索出了很多先进的垃圾管理理念和技术。以日本为例，日本有完善的垃圾分类制度，标准严格且细致，包括资源垃圾、可燃垃圾、不可燃垃圾、危险垃圾、塑料垃圾、金属垃圾和粗大垃圾等。垃圾从分类投放开始，到垃圾收集、转运、资源回收中心通过机械与人工分选，处理后的垃圾进入最后的处理阶段，焚烧发电，最终的残渣被送去填埋。

美国、欧盟的一些国家在垃圾处理方面有着完善的立法体系和高效健全的监管体制，以及从源头减量、重复使用、再生循环利用等先进的"3R"理念。在不断进行探索和研究的基础上较早地提出了生活垃圾分类、收集、再综合处理的方式，并建立了相对完备的收运体系。国外的一些发达国家由于生活垃圾分类收集和回收工作已经相当成熟，大大减少了需要处理垃圾的数量。在选择垃圾处理的技术路线上也不尽相同，各国根据其城市生活垃圾的性质和特点，采取了与其国情相适应的生活垃圾处理方式。

例如：美国生活垃圾中有机物和纸类物质占到50%以上，是处理的重点，其城市生活垃圾处理方法中填埋占56%，回收占30%，焚烧占14%。日本由于国土狭小，人口众多，经济发达，其生活垃圾处理以焚烧为主，所占比例为70%以上，同时少量采取填埋、堆肥和回收的处理方法。随着经济的发展，越来越多的如新加坡、瑞士等人口密度较高的国家都采用以焚烧为主的处理方式，焚烧比例已接近或超过填埋法。①

我国垃圾处理起步较晚，目前还处于无害化处理的初期阶段。虽然也制定了一些法规条例，也有垃圾分类制度和垃圾分类收集箱，但由于环保观念的落后，垃圾分类收集、转运和处理的技术手段严重滞后等多种原因，使得垃圾的分类回收得不到有效落实，垃圾分类回收箱也形同虚设。其主要原因表现在两个方面：

首先，将"环保观念"简单地理解为公民意识，而提高公民意识不能仅仅靠宣传，殊不知观念的形成是复杂的，观念与行为之间既包含着观念对行为的纯理论指导作用，还包含着对行为结果的价值评判。现实中垃圾的混装收集、转运就是最直接的例证，它直接摧毁了人们对垃圾分类回收的价值观。

其次，垃圾分类回收是一个系统工程，从垃圾的产生开始，直至最终处理，中间每一个环节都需要考虑到人的行为与垃圾分类设施、设备之间的关系，其中任何一个环节出现问题都会导致整个系统的失败。这里尤为

———————————

① 日本环境省，一般废弃物处理实态调查结果［R］.2016.

Ministry of the Enviroment of Japan. *State of Discharge and Treatment of Solid Waste in FY*［R］.2016.

王建明. 城市固体废弃物管制政策的理论与实证研究［M］，北京：经济管理出版社，2007.

WANG Jian-ming. *Theoretical and Empirical Study on Municipal Solid Waste Control Policy*［N］Beijing: Economic Management Press，2007.

王丰春，田新珊，蔡广宇. 城市垃圾处理方法综述［J］.电力科技与环保，2003，19（1）：46-48.

WANG Feng-chun, TIAN Xin-shan, CAI Guang-yu. *Review of Urban Waste Disposition*［J］.Electric Power Technology and Environmental Protection.2003，19（1）：46—48.

李晓珊. 智能环保产品的功能设计研究［J］包装工程，2017，38（6）：105—108.

LI Xiao-shan.*Functional Design of Intelligent Products for Environmental Protections*［J］.Packaging Engineering，2017,38（6）：105—108.

周素文.德国城市生活垃圾管理现状及启示［J］.环境科技，2011，24（1）：23—26.

ZHOU Su-wen. *Status and Inspiration of Municipal solid Waste Management in Germany*［J］.Environmental Science and Technology，2011,24（1）：23—26.

重要的是"人"的因素，它不仅包括年龄、性别、文化修养等，还包括"人"对设施、设备的认知、操作水平，因此垃圾分类回收的设施、设备在研发的时候必须充分考虑这些因素才能达到应有的效果。

以上便是我国垃圾处理的现状，从中可以看出"现象"离我们生活最近、最真实，影响也最大，如果说什么是"痛点"，可以说每一个环节都存在"痛点"，至于"痛点"是否"痛"，显然取决于它与"本质"的关系，取决于它能多大程度解决"本质"问题。但是我们应该清楚垃圾处理是一个系统工程，很多事情并不能一蹴而就，尤其是人的观念与技术条件还不完全成熟的情况下，如何抓住"本质"问题，如何以"本质"问题为核心，结合实际情况提出一个智能垃圾分类回收系统的设计思路，指导和满足现阶段的社会需求值得我们探讨。

从2009年开始，我们在设计教学中就以垃圾分类回收处理为课题，在"设计专题课程""毕业设计"和相关的设计竞赛中不断进行探索，旨在加强学生对问题的思辨能力。虽然一些构思没有涉及具体产品形态方面的设计，只是一个指导性的框架式构想，但这种形式有利于学生厘清它们之间的关系，便于设计过程中对问题的思考，通过举一反三的方法学会快速地抓住本质问题。指导性的框架式构想如下：

（1）指导思想

就垃圾处理的现状而言，世界各国并没有找到"理念"与"处理"之间的完美结合方式，甚至包括一些发达国家。因此我们的研究重点就是要在"理念"与"处理"之间找到一种有效的形式，着重从前端解决垃圾分类回收处理的问题，最大限度实现垃圾循环再利用，进而减少填埋场和焚烧厂的数量，从根本上解决垃圾无害化处理的问题。智能垃圾分类回收系统是根据中国国内的建筑环境、垃圾种类的特点和人们的素质等，以"制约"和"奖励"为理念，以操作的唯一性设计为处理手段，并融合智能化、信息化、系统化等的设计。

（2）智能垃圾分类回收系统主要研究内容

智能垃圾分类回收系统由"家庭垃圾智能卡""厨余垃圾处理机""生活垃圾桶""楼层垃圾分类收集箱""楼层垃圾分类收集车""小区垃圾分类收集站"和"垃圾分类转运车"等共同构成一个完整的系统。

（3）智能垃圾分类回收系统设计创新点

① 观念与意识。

尽管一些发达国家垃圾处理的先进观念与意识对发展中国家有着示范作用，但是各国由于国情不同，生活习惯、文化素质等都存在较大的差异，因此在学习和借鉴中难以获得满意的成效。面对这样的问题，我们不能仅仅只靠宣传，当然宣传是必要的。同时也不能靠"等"——等待公众的观念、意识提高之后才为之。

② 智能化与信息化。

在大数据、互联网、智能化高速发展的今天，垃圾的分类制度不应该只停留在原始的作用里，而应该体现"谁扔，扔了什么，扔了多少"等这样一些信息。这些信息数据的采集和分析不仅对企业的发展有着指导性的重要作用，而且对国家宏观政策的制定以及采取的管控措施同样起着数据支撑的重要作用。

③ 以"控制"培养"意识"的垃圾分类回收方法。

即公众在垃圾投放的过程中如同操作自动售卖机，利用操作的"唯一性"与"智能化"结合，以设计或者设备对人的行为制约来弥补观念和意识的不足，从而保证垃圾分类回收能够实现。

④ 商业化、人性化的策略。

抓住人性的本能特点，以"制约""奖励"相结合的创新机制与商业化有机地结合起来，营造一个有利可图的、纯商业化的模式。

（4）智能垃圾分类回收系统具体操作流程

① 二维码、家庭垃圾智能卡。

倒垃圾首先需要扫描二维码或者刷卡，即刷"家庭垃圾智能卡"。根据"多倒多收费"的原则，不可回收垃圾需要收费，可回收垃圾按一定价格将所得计入卡内，相当于"卖废品"。体现"制约"和"奖励"的策略。如下图：

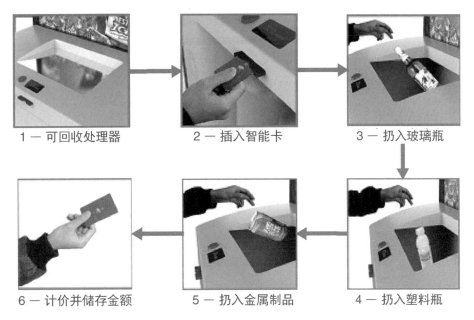

1 — 可回收处理器　　2 — 插入智能卡　　3 — 扔入玻璃瓶

6 — 计价并储存金额　　5 — 扔入金属制品　　4 — 扔入塑料瓶

② 厨余垃圾处理机。

厨余垃圾处理机作为家庭厨余垃圾的初步处理设备，主要是对厨余垃圾进行粉碎、脱水，处理后的残渣被注入圆形桶内，即厨余垃圾桶。

③ 生活垃圾桶。

生活垃圾桶形状为方形，用作收集家庭日常生活垃圾。

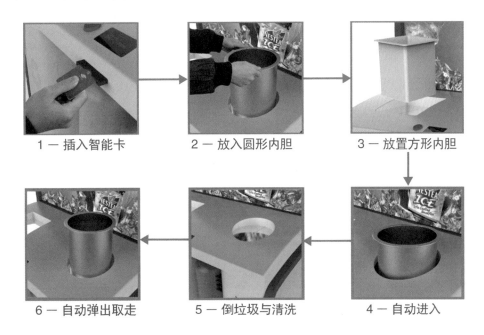

1 — 插入智能卡　　2 — 放入圆形内胆　　3 — 放置方形内胆

6 — 自动弹出取走　　5 — 倒垃圾与清洗　　4 — 自动进入

④ 楼层垃圾收集箱。

楼层垃圾收集箱,实际上是一个集智能化、信息化为一体的垃圾收集处理平台。设有读卡器、条形码扫描器、传感器等。能够记录是谁扔的垃圾、什么种类的垃圾,以及扔了多少垃圾等信息,如果你扔的东西有条形码,通过扫描就可按一定价格直接计入卡内。另外,可对不同形状的垃圾桶和垃圾进行识别,如同电脑外接设备的圆插和方插,由此保证了垃圾分类的有效实施,并对回收的垃圾进行压缩处理,如置入密闭的容器中或者可降解的纸袋中。垃圾被处置在密闭的容器中,不会产生异味和滋生蚊子、苍蝇等,避免造成二次污染。

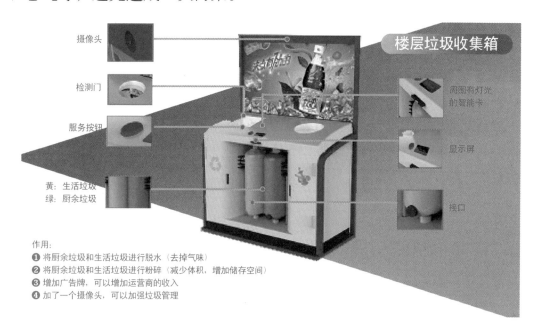

作用:
❶ 将厨余垃圾和生活垃圾进行脱水(去掉气味)
❷ 将厨余垃圾和生活垃圾进行粉碎(减少体积,增加储存空间)
❸ 增加广告牌,可以增加运营商的收入
❹ 加了一个摄像头,可以加强垃圾管理

⑤ 楼层垃圾收集车。

楼层垃圾收集车是负责各楼层垃圾分类收集和维护的工具,由于所有垃圾已经经过粉碎、压缩和打包,因此在收集垃圾时不会造成任何污染。

1—离开   2—车与中转站对管并吸走垃圾   3—垃圾车到

⑥小区垃圾收集站。

小区垃圾收集站是小区垃圾集中的存放点，同样分为厨余垃圾分类收集站和生活垃圾分类收集站。所有小区垃圾收集站均为密闭式箱体结构，如同集装箱便于运输，因此不会产生任何污染，即使遇暴雨水淹小区也不会造成任何污染。

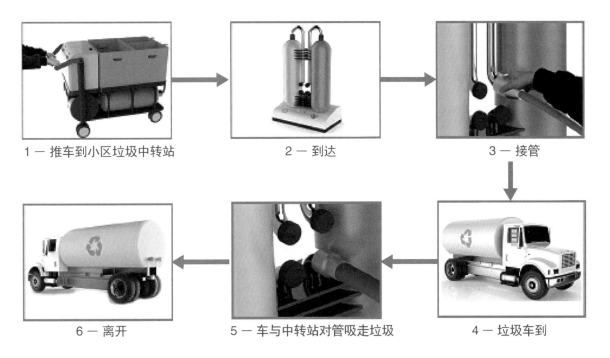

1 — 推车到小区垃圾中转站　　　　2 — 到达　　　　3 — 接管

6 — 离开　　　　5 — 车与中转站对管吸走垃圾　　　　4 — 垃圾车到

⑦分类垃圾转运车。

分类垃圾转运车负责将不同种类的垃圾运至不同的地点，其中厨余垃圾和生活垃圾的转运车是密闭钢瓶式，如同油罐车一样，同样保证了在转运过程中不会造成环境的二次污染。

智能垃圾分类回收系统应用前景：

我国城市生活垃圾的性质和国外相比存在很大差异，其主要特点是生物和厨房垃圾所占比例较高，经过智能垃圾分类回收系统对回收的垃圾挤压、脱水，不但极大地减少了垃圾的体积和重量，而且有助于降低转运成本和工人的劳动强度，提高工作效率，大量减少垃圾填埋场和焚烧厂的数量，杜绝在垃圾收集、转运的过程中产生二次污染，同时经过分类处理的垃圾将能得到充分循环再利用。

城市生活垃圾处理既是社会问题也是技术问题，要解决好社会问题除了依靠必要的法律法规进行管理外，还必须依靠具体可操作的技术手段来实现。城市生活垃圾处理应该将重点放在前端的处理上，只有前端处理好了，才能最大限度实现垃圾的循环再利用，从根本上解决垃圾无害化处理的问题。

在上述指导性框架式的设计思路中我们可以清晰地看到"痛点"与"本质"的区别，垃圾的管理决定了垃圾处理方式这是问题的本质，对于这一点我们需要从观念的高度去理解，只有抓住了这一本质问题我们才能根据社会发展的不同阶段、不同层面满足不同的需求。如果以用户的角度研究问题，那么首先必须清楚用户到底是谁，政府、企业，还是使用者？显然这是一个复杂的问题，政府作为城市管理者是一系列的方针政策的制定者，而具体的执行者可能是各企业，使用者实际上是处于整个环节中的末端。其次，我们要清楚垃圾分类回收处理并非公益项目，企业在这个过程中必然涉及经济利益的问题。也就是说政府对垃圾分类回收处理的理念与使用者之间的关系是通过企业实现的，其中政府有政府的诉求，企业也有企业的诉求，同样使用者也有其自身的诉求，并且这些诉求在经济、观念等方面往往存在着结构性矛盾，如政府强调生态环保、可持续发展，企业追求利益最大化，使用者体现得更多的则是人性弱点的一面，而这些深层次的本质问题是很难通过调研、问卷、访谈等形式获得答案的，所以，我们在思考设计时必须着眼于问题的本质。

—[　第四章　分析与理解　]—

1. 设计以人为本

在上一章中我们分析了政府、企业、使用者的不同诉求，政府和企业的诉求可能较为容易理解，而对"使用者体现得更多的则是人性弱点的一面"该作何理解，是我们本章思考和讨论的重点。

我们知道在设计领域不乏关于"人"的研究成果，既有生理方面的研究，也有心理方面的研究，其中最具影响力的莫过于"以人为本"的设计理念，它强调设计必须"以人为中心，体现对人的关怀，满足人的需求，注重人性、人格"等。就设计而言，"以人为本"的设计理念已经得到了广泛的推崇和运用，有关设计"以人为本"的科学观、发展观、民族观等层出不穷，基于"以人为本"的各种设计研究方兴未艾，所到之处无不将此作为讨论的议题。不过有些问题仍值得我们反复思考，设计"以人为本"的理念并没有问题，这是设计所追求的目标和应该遵循的基本原则，但是设计"以人为本"终究只是一个理念，过于抽象，我们到底应该怎么理解设计"以人为本"？它的实质究竟是什么？多数研究仍聚焦于人的生理机能、心理机能，或者人文、环境等与人相关的问题，当然这些问题确实值得我们深入研究，但生理机能与心理机能的问题绝不是"功能"与"形式"的问题，因为这是一个伪命题。从认知的角度来看，一个纯粹的、没有功能性的形式是不存在的，也就是说任何形式都有其功能性。同理，任何功能性的设计都有其形式，形式是功能的表达，功能使形式有了价值，将"功能"与"形式"放在对立面本身就缺乏科学性。尽管"功能"与"形式"不是"生理功能"与"心理功能"的全部问题，但却是最具争议性的问题。至于人文、社会、环境、宗教、信仰等是我们在认知过程中形成的社会现象，是关于我们自身价值观念的社会体现，设计是这个社会中的产物，必定会打上这个社会的烙印。不同民族、不同地域、不同文化、不同时期会孕育不同的设计风格，这些设计无不体现出了人文情怀，一些设计甚至成为传世经典。

2. 以人为本与人之本性

我们对"以人为本"的设计理念所进行的研究可以说是由里至外，应有尽有了。不过其中还是存在一些我们不愿直面的问题，那就是设计"以人为本"是否应包括"人性"的问题。或许你可以认为心理机能已经包括了人性的问题，也可以说是人性心理学所包含的内容，无论如何只要我们还停留于人的基本属性方面的理解，那么就依然是在回避涉及"人之本性"方面的问题，即人性本善还是本恶的问题。当然我们不会聚焦于人性本善还是本恶的哲学、社会学、心理学等方面的研究，也不是"丑陋的人"论者，而是关注"人之本性"与设计相关的本质性问题，无论是有意识的还是无意识的，先天的还是后天的，对于人性与设计的关系，我们如果不能从本质上进行研究，那么我们就无法讲清需求、欲望、满足等心理的问题，也无法讲清市场、营销、品牌、价值等问题。我们甚至会认为是我们设计师主动创造了品牌，创造了价值，满足了人们的需求和推动了社会的文明发展。

对人性本原的研究与争论古今中外从未停止过，中国古代就有"性善论""性恶论""无恶无善论"等，西方有基督教派的"原罪论""本能决定论""习得论"等。在此我们无意探讨人性本原的学科问题，但是做为设计师不能对人性在生活中所表现出来的弱点漠不关心、视而不见，因为设计就是基于人性之弱点，如人性的欲望、贪婪、虚荣、自私、嫉妒、懒惰等。要知道挎上一个某品牌的"包"走在街上会使某些人"神采飞扬""自信满满"，这并非品牌包的使用功能好于其它包，也并非品牌包更好的设计造型，而是品牌对于"身份"和"地位"的体现，它在很大程度上满足的是心理的需求。

生活中类似的例子比比皆是。如我们都有在菜市场购买蔬菜的生活经历，其中我们会发现一些卖蔬菜的商贩会往蔬菜上洒水，并号称是为了保持蔬菜的新鲜度，而经常买菜的人，特别是一些家庭主妇们在购买的时候往往会将蔬菜上的水甩干。一边是"喷水"，一边是"甩干水"，似乎各有各的道理，各有各的理由，相互心知肚明却又心照不宣。这样的商业情景与其说是商贩与购物者的不同心态，还不如说是各自有不同的目的，这难道不是人性之弱点的真实写照吗？尽管往蔬菜上洒水的行为对保持蔬菜的新鲜度有一定的帮助，但众人皆知这不是唯一的目的，并且你又无话可说，人能够将此事做到这般极致不得不说是人性表现的"最高境界"。

无论是"喷水"还是"甩干水"其实都体现了人的趋利本能，从人性的角度来看此举虽然谈不上什么大恶，但类似的问题还有注水猪肉、被喂食避孕药的各种鱼类、禽类等，这些有损人们健康的行为显然已经超出了道德底线，杜绝此类问题的发生不仅有赖于道德、人品、素养等方面的宣传教育，更有赖于相应的设计。如我们使用计量的"秤"就是衡量交易双方价值等量关系的产品，现在普遍用于市场的是电子计价秤，其构成原理是由高精度电阻应变式称重传感器、承重装置和称重显示器等部分组成，试想如果电子计价秤的原理不仅仅只是以重力的大小为结果，而是以其他方式对物品进行合理含水量进行检测再同质量计算等结果进行综合而成，那么"加水"的意义就不存在了，换言之这就意味着从本质上杜绝了人的这类损人利己、贪婪自私的行为。

3. 人性弱点的辩证关系

不过，任何事物都有辩证的关系，没有欲望就没有需求，损人不好但不能说利己有问题，做人投机不好但不能说设计取巧有问题，懒散的方式往往就是舒服的方式等。企业、商家从某种角度来讲正是利用了人性的这些弱点才得以获利、发展，而设计师在很大程度上起着推波助澜的作用，并美其名曰"以人为本"。

当然以消极、负面的视角看待人性的弱点和设计师的作用未免过于偏激，丑陋的人性亦非本意，古人云："知人者智，自知者明。"设计既然是为人所用，理解人性的弱点无疑对设计有着重要作用，何况设计师也是人，人性的弱点同样存在于己。人性存在弱点并不可怕，问题在于我们是否愿意承认并直面而已，问题在于我们如何在设计中利用人性的弱点，并在不知不觉的前提下使人性之弱点获得满足，在掩盖人性之弱点的同时又能避免或者抑制人性之弱点。这里我们将以人们在商场选购服装、服饰、鞋、化妆品等商品为例，看人性之弱点与设计创意的辩证关系。

首先，我们在选购这类商品的时候往往会照镜子，看看是否合适、好看，然后再做决定，因此"镜子"就成为这类商品销售的必备设施。其次，商场一般是根据不同的商品、不同的商家、品牌分区、分层布置，即使是同类商品，如服装、服饰、鞋、化妆品等，由于商家不同、品牌不同而不在同一家商铺，这就造成了我们在选购时的困难，也就是说我们想选购的商品不可能在同一家商铺全部完成，同一类商品之间也很难进行对比。除非我们逐家商铺来回奔波，即便如此，由于缺乏直接对比难免会造成选购"困难症"，更不用说我们在选购某一商品时由于搭配需要产生的新发现、新需求，并由此产生的"激情式"购买等，诸如此类的问题不胜枚举。

也许对这样一个购物行为和过程我们早已习以为常，甚至不假思索，实际上设计的创意就体现在这个过程之中，只不过由于它太平常了，以至于我们对此"视而不见"。这里我们首先要理解人们在选购这类商品时为什么要照镜子，如果认为照镜子就是为了让自己能看到所选购的物品是否合适、好看，那么说明我们看到的只是问题的表象，其实设计创意的关键就在于我们如何理解"镜子"和"好看"的问题。什么是"镜子"我们无须多言，但理解为一个表面光滑并且具有反射光线和对象能力的物品，那么只能说明我们对"镜子"有了概念，这样的概念越强对设计的创意约束越大，而设计创意要求我们应该脱离"镜子"的原本的概念，思考"镜子"的本质作用以及还有什么能够起到相同作用。如我们通过手机摄像头就能够看到自己，我们也会用手机拍摄一些照片或者视频展现自己。同理，影视剧的拍摄也是为了再现某种形象，就"镜子"和"拍摄"而言，它们具有相同的作用和"再现"的相似性，只不过"拍摄"使我们可利用的技术手段更多，可控制的效果也更多，这样更有利于我们的商业活动。试想我们将挑选的衣服试穿在身上，在拍摄的时候我们能根据不同服装的特点，选择适合的场景作为环境，并且利用后台技术手段配上及人群围观的场景，将类似被簇拥的明星的合成效果实时展现在我们的面前，毫无疑问这样的方法能使人获得极大的心理满足感。除此之外，由于我们使用的是一种技术手段而非物理性质的镜子，那么我们就可以通过交互的手段实现智能化商品的推选并进行不同风格的搭配，以及在不同商业环境中运用虚拟现实、增强现实等技术手段克服物理空间的不足。同时，还能实现商场内所有商品的互联，避免不同商铺、不同品牌、不同区域的阻隔所造成的不便，使人们在进行商业活动的时候在心理上获得空前的愉悦。

对于人性的这些弱点，我们虽不能从根本上将其改变，但可以在设计中利用人性善恶两面的辩证关系，从而达到扬善抑恶的设计目的。

4. 人性弱点与人之常情

认识到人性的弱点并不困难，但是在具体事情上承认弱点并非易事，这同样是人性的弱点，而且这个弱点才是人性中最大的弱点，因为它在很多时候、很大程度上具有极强的伪装性和隐蔽性。人们往往会以个人隐私为由加以掩饰，有些"难以启齿"或者"羞于启齿"之事则隐藏更深，但又对人们的正常生活造成了极大影响。如果说设计"以人为本"充分体现对人的关怀，那么通过设计让人不处于尴尬的局面才是对人关怀的最好体现。当然这一类的问题我们不能以人性的"虚荣"来理解，即使是"虚荣"，同样也有两面性，人性正是因为"虚荣"才有了进步的要求和可能。对于人性的这些弱点我们并不能简单理解为非黑即白，除了我们提到的"两面性"之外，它们更多地表现为没有对、错、好、坏的"灰色"。总之，无论是"黑色、白色"还是"灰色"，这些都是我们在设计中必须直面的问题，需要我们通过设计的手段加以调节处理，尽量消除不利的因素。换而言之，我们也可以将人性的这些问题称之为人之常情，要觉察、体会到人性的这些弱点需要设计师具有较高的理解能力和情商，只有如此才能使设计更加人性化，才能真正做到设计"以人为本"。

这里我们将针对老年人动态的生理需求和敏感的心理变化特点，以《床→护理床→轮椅》的设计为例，探讨如何从人性的角度理解、满足老年人不同的生理和心理需求，以及如何在设计中体现"以人为本"的理念。

现如今中国正在步入一个老龄化的社会，提起老年人的生理和心理特征往往会冠以"生理机能衰退""心里感到失落、孤独、抑郁"等标签，实际上"老年人"是一个大的概念，按我国现行体制60岁以上的人就可以办理老年证，也就是说60岁以上的人我们就可以称之为"老年人"。问题是现实生活中我们难以分清59岁与60岁的人，他们的生理机能与心理机能、生活需求与生活方式也不会有太大的不同。但我们可以肯定60岁与90岁的老人生活需求与生活方法就大不相同了，它不仅反映在生理方面的动态变化，更多的是在衰老过程中人的心理表现出明显的变化，如在一次朋友聚会中，其中一位朋友调侃另一位近60岁的朋友，"怎么开始穿老人鞋了？"朋友答道"这鞋穿着舒服"，不过，从此之后再也没见过这位朋友穿这双鞋了。这件事说明即将进入或者刚进入所谓老年阶段的人非常介意老年人的标志性产品，他们心里不愿意承认自己已经开始衰老了的事实。事实上在60岁这个年龄段的人大多数身体健康，对于这样一群人我们很难以"老年人"的概念为他们设计，他们大多数也会拒绝这一类的设计，这是因为心理上他们不甘于老去，也不愿意面对这个现实。如果单纯从功能与形式的角度来看，那么这种形式的功能性已经远大于其功能性本身。当然，这件事反映的仅仅只是他们心理变化的一个部分，我们说过"老年人"是一个大的概念，倘若形容60岁左右的人对年龄的感觉如少女般含蓄、青涩，那么70岁以上的老年人就显得成熟。他们一方面在一些场合不再回避年龄的问题，而且会以此作为条件要求获得各种照顾；另一方面他们的心理又会感到莫名的忧郁，心理变化会随着生理机能的变化而变化，生理机能的变化也会随着心理变化而变化。总而言之，老年人就是一个特殊人群，很多针对老年人的设计不仅需要我们从生理机能上考虑问题，而且更需要我们从心理机能上考虑问题，因为老年人由于年龄的原因对于生、老、病、死一类的问题极其敏感，尤其是日常生活中的一些设计，应该尽量避免一些让老年人心理预设不好的设计，确切地讲任何为他们提前准备的设计都会使他们心里感到不安，我们俗称为"意头"的东西其实就是一种心理行为，有些时候我们明知其原因或结果，却"只能意会而不能言传"。

可是年龄毕竟是一个动态的因素，随着年龄的不断增加，身体状态的不断变化，一些原本合适的产品会逐渐失去原来的作用，或者说不能满足现状的需求，因此很多原本适用的东西不得不闲置或者淘汰，由于有了新的需求势必购买新的适用的东西，这样就会陷于不断淘汰和不断购买的恶性循环之中，对此我们又不能采取一步到位的做法，最为突出的就是生活中所使用的"床"。我们知道一个健康的60岁老人所使用的"床"与中、青年人无异，而随着时间的推移，年龄的增长和身体机能的逐步变化，原本适用的"床"终究不能满足身体不断变化的需求，可是我们又不能直接买一个类似医院所用的"护理床"给老年人使用，否则老年人会认为是在诅咒他，这就是一个动态需求的典型问题。而最好的方式就是通过模块化解决多功能的需求，即在原有"床"的基础上以模块化的方式解决老年人不同阶段的不同需求。

类似的问题不仅反映在家庭，养老院、医院也存在同样的问题。病人、老年人是一个特殊的群体，他们的身体状态是处在一个动态的过程中，尤其是"床"的问题最为突出，从静态到动态，从"正常"到"病"，由"病"到"康复"等，各种功能性要求极强，现行的病床已经很难满足需求，如何以最小的代价解决动态需求，以下就是我们以此为题材并结合学生的毕业设计和入选"第十三届全国美术作品展"的设计作品对此所做的一些探讨。

2019年毕业设计

—— 养老院老人床设计

指导老师：余汉生
学　　生：王智亮

目录

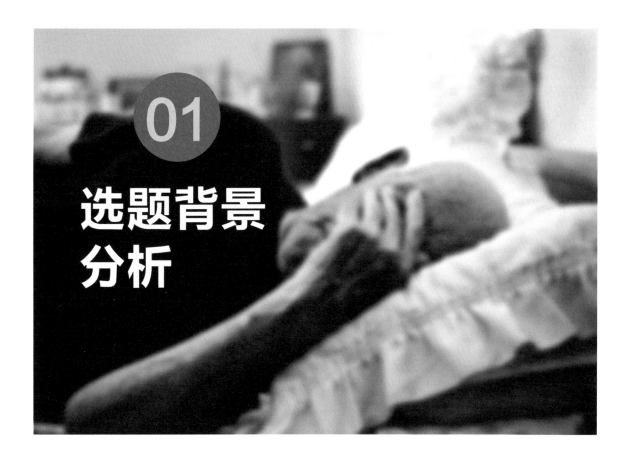

01

选题背景
分析

▶ **选题背景分析** 资料来源：中国知网

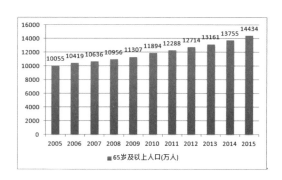

01：问题

随着社会的发展，人口老龄化已经成为重要的社会问题。而随着老人身体的变化，老人慢慢地从一个**不需要护理**向**需要护理**的过程转变。

02：我国老人人口数量

根据中国第六次人口普查的结果，到 2010 年年底，中国 65 岁老人有 1.18 亿人，比例达到 8.87%，截至 2017 年年底，65 岁以上的老人已经占总人口的 11.4%。

▶ 选题背景分析 资料来源：中国知网

·截至 2016 年 10 月，中国失能、半失能的老年人人数达 4063 万

对于老人，需要更细心、更细致、更省心的全面呵护

·老年人身体素质下降，医疗需求增加，突发事件频发，对照护的实时性、专业性要求极高，超过六成的家庭不适应老年人身体状况的变化

·随着年龄的变化，老年人有一个从不需要护理到需要护理的动态转变过程。如果家里有个需要照料的老人，不仅子女工作、学习会受到影响，而且整个家庭的生活节奏都会改变，主要照料者也会心力交瘁

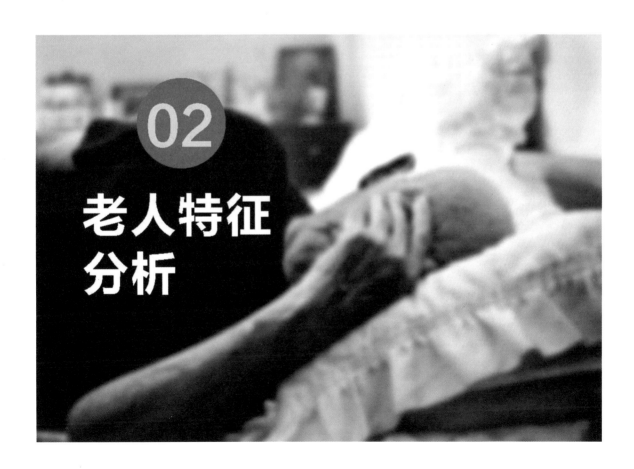

02
老人特征
分析

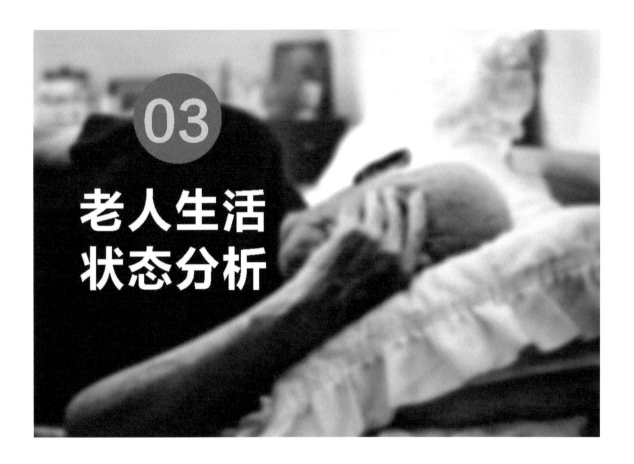

03

老人生活状态分析

▶ **老人特征分析**　　生理 / 心理特征

● **生理
机能
变化**

　行动缓慢　　记忆力衰退　　耳聋眼花　　目光呆滞　　体弱多病　　手指哆嗦

● **心理
变化**

孤独感的　　　社会角色退出　　对重病、死亡　　怀旧，喜欢回忆
增加　　　　　的不自信　　　　的恐惧　　　　　以前的人和事

▶ **老人生活状态分析**　　资料来源（豆丁网）：养老机构管理和服务基本标准、第十九条分级护理服务

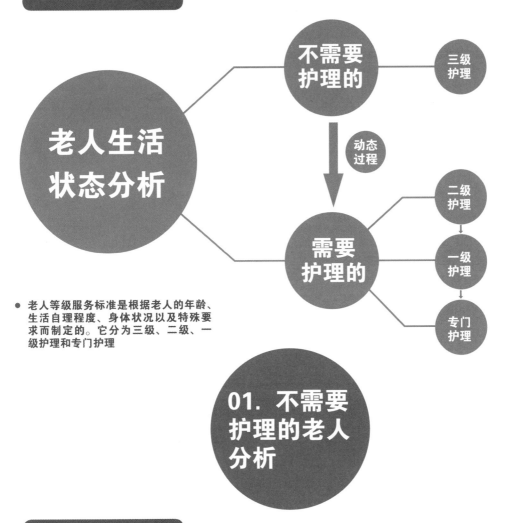

- 老人等级服务标准是根据老人的年龄、生活自理程度、身体状况以及特殊要求而制定的。它分为三级、二级、一级护理和专门护理

▶ **不需要护理的老人**　　资料来源（豆丁网）：养老机构管理和服务基本标准、第十九条分级护理服务

- **等级：三级护理** ——生活行为基本能自理者，不依赖他人帮助的老年人。

护理服务：

1. 叫老人起床，早晨督促老人漱口、洗脸、洗手、梳头。晚上督促老人洗脸、洗手、洗脚、洗会阴部。
2. 安排老人看书、看电视，督促老人喝水。
3. 督促老人定期剪指（趾）甲，理发剃须，更换衣裤。
4. 安排老人洗澡，每周一至二次。夏季气候炎热时，每日洗澡，并督促、帮助老人每日擦席。
5. 为老人整理床铺、翻晒被褥。
6. 每月清洗床上用品（床单、枕套、枕头、被套）一次，保持床单清洁。
7. 鼓励老人到食堂用餐。
8. 组织老人参加院内的各种康复活动。

• 在三级护理中，老人与床有关的活动有上床，下床，看书，看电视，喝水。

▶ 不需要护理的老人

● 起床动作

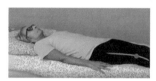  

一、平卧　　　　　　　　二、屈膝，发力点在膝盖上　　　　三、侧身，发力点在肩膀和手肘上

四、侧身坐起，发力点在手和脊椎上　　　五、上身前倾，找鞋，手抓支撑点辅助站起

▶ 不需要护理的老人

● 情景：起床

增加助力器辅助起床

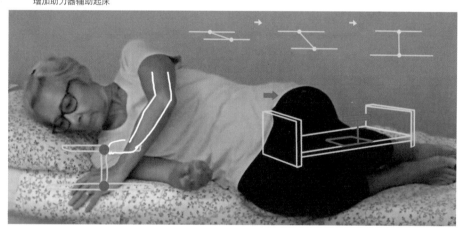

▶ 不需要护理的老人

● 情景：上、下床

可调节床的升降来调整适合的高度，给老人
带来安全感。

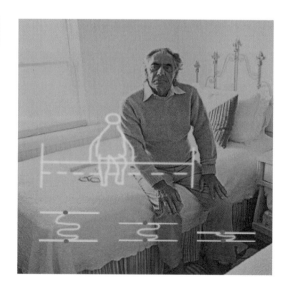

▶ 不需要护理的老人

● **情景：晚床**

晚上老人起夜时，床底有感应灯关照明，防止摔伤。

▶ 不需要护理的老人

● **情景：喝水**

利用旋转结构来方便拿放杯子和药品。

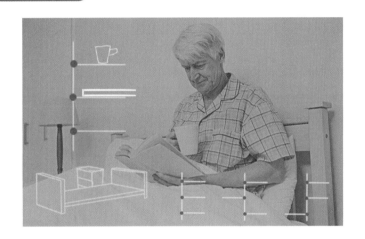

▶ 不需要护理的老人

● **情景：看书**

▶ **不需要护理的老人**

● **情景：起床找拐杖**

02. 需要护理的老人分析

02-1 二级护理的老人

▶ **二级护理的老人**　　资料来源（豆丁网）：养老机构管理和服务基本标准、第十九条分级护理服务

● **等级：二级护理**　　生活行为依赖扶手、轮椅和升降等设施和他人帮助的老年人或年龄在 80 岁以上者。

护理服务：

1. 早晨帮助老人漱口、洗脸、洗手、梳头。晚上帮助老人洗脸、洗手、洗脚、洗会阴部。
2. 帮助老人定期剪指（趾）甲，理发剃须。
3. 帮助老人洗澡或擦身，每周一至两次。夏季气候炎热时，每日洗澡或擦身并帮助老人每日擦席。
4. 为老人整理床铺、翻晒被褥。
5. 每半个月清洗床上用品（床单、枕套、枕巾、被套）一次，保持床巾清洁，必要时及时更换。
6. 每周洗涤内衣一次（夏季每日洗），每周洗涤外衣一次。
7. 搀扶行走不便的老人上厕所以防摔伤。
8. 帮助老人用餐。
9. 餐具和茶杯严格消毒，老人毛巾、面盆要经常清洗，便器用后及时倾倒并定时消毒。
10. 组织老人参加院内的各种康复活动。

· 在二级护理中，老人在床上完成的活动有洗脚，和护理人员帮助老人擦身

· 当发生突发事件时，老人需要在床上完成一些护理内容

▶ **二级护理的老人**

- 情景：洗脚

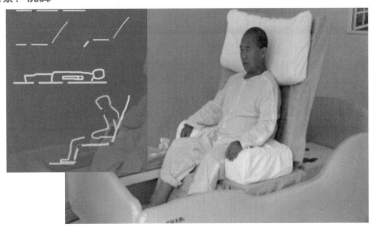

▶ **二级护理的老人**

- 情景：吃饭

增加餐桌，方便不能下床吃饭的老人。

▶ **二级护理的老人**

- 情景：擦脸、擦身

 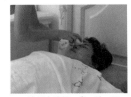 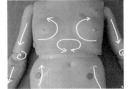 

一、毛巾盖于擦洗部位　　二、给老人洗眼、鼻、脸、耳、颈　　三、如老人患病，先擦肩侧，再擦患侧。　　四、翻身擦洗

五、屈膝，擦洗下身及腿部　　六、整理被盖，以免老人着凉

▶ **二级护理的老人**

● **情景：打点滴**

▶ **二级护理的老人**

● **情景：睡床**

增加轮子，方便移动房间看诊。

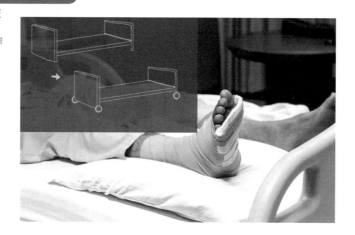

▶ **二级护理的老人**

● **情景：坐轮椅**

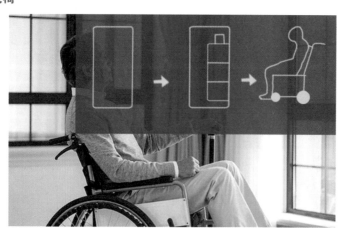

02-2 一级护理的老人

▶ 一级护理的老人

资料来源（豆丁网）：养老机构管理和服务基本标准、第十九条分级护理服务

● **等级：一级护理**　生活行为依赖他人护理者，或思维功能轻度障碍者，或年龄在 90 岁以上者。

护理服务：

1. 早晨为老人漱口、洗脸、洗手、梳头。晚上为老人洗脸、洗手、洗脚、洗会阴部。
2. 经常为老人洗头，剪指（趾）甲，理发剃须。
3. 口腔护理清洁无异味，皮肤护理褥疮。
4. 为老人洗澡或擦身，每周一至二次。夏季气候炎热时，每日洗澡或擦身，并为老人每日擦席。
5. 为老人整理床铺、翻晒被褥。
6. 每周清洗床上用品（床单、枕套、枕巾、被套）一次，必要时及时更换。被褥、气垫、被单保持清洁、平整、干燥柔软。
7. 每周洗涤内衣一次（夏季每日洗），每周洗涤外衣一次，必要时及时更换。
8. 搀扶行走不便的老人上厕所以防摔伤。
9. 视天气情况，每天带老人到户外活动或接受光照 1~2 小时。
10. 饭菜、茶水供应到床边，按时喂饭、喂水、喂药。
11. 餐具和茶杯严格消毒，老人的毛巾、面盆做到经常清洗，便器用后及时倾倒并定时消毒。
12. 对痴呆老人根据情况定时巡视，防止随意外出或发生意外。
13. 对易发生坠床、座椅意外的老人，应提供床栏、座椅加绳等保护器具确保安全。
14. 为老人开展针对性个体康复活动。

· 在一级护理中，与床接触的有洗头，口腔护理，　喂饭、喂药，帮助老人擦身、洗脚，且需要增加床栏防止老人摔倒

▶ 一级护理的老人

● **洗头**

一、调整卧度

二、后颈处围一条干毛巾

三、垫枕头于老人肩背部的位置

四、用塑料布盖住枕头和床单，把浴巾放在塑料布上

五、放洗头盘，为耳朵塞好棉球

六、洗头

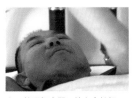

七、整理好衣服，扶老人躺好

▶ **一级护理的老人**

● **情景：洗头**

▶ **一级护理的老人**

● **口腔护理** 动作要求：半身坐起

一、抬身，半身坐起

二、清洗准备

三、洗前漱口

四、清理口腔

五、洗后漱口

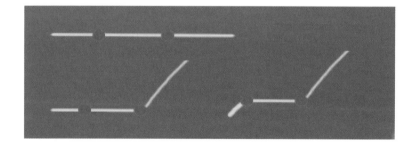

▶ **一级护理的老人**

● 情景：喂饭、喂药

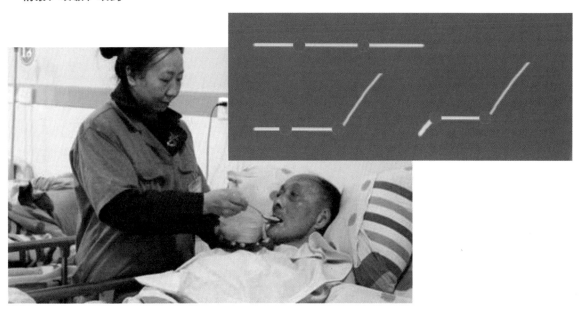

▶ **一级护理的老人**

● 情景：躺床

增加护栏

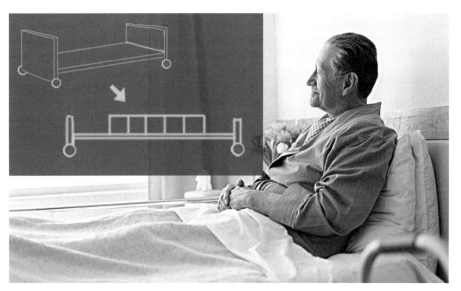

02-3 专门护理的老人

▶ 专门护理的老人

● 等级：专门护理

资料来源（豆丁网）：**养老机构管理和服务基本标准、第十九条分级护理服务**

生活行为完全依赖他人护理且需要 24 小时专门护理者，或思维功能中度以上障碍者，在生活服务方面要求给予特殊照顾者

护理服务：

1. 早晨为老人漱口、洗脸、洗手、梳头。晚上为老人洗脸、洗手、洗脚、洗会阴部。
2. 经常为老人洗头，剪指（趾）甲，理发剃须。
3. 口腔护理清洁无异味。皮肤护理无褥疮。对长期卧床而不能自主翻身的老人，定时翻身，变换卧位，检查皮肤受压情况，防止褥疮发生。
4. 做好老人大小便护理。对大小便失禁和卧床不起的老人，做到勤查看、勤换尿布、勤擦洗下身、勤更换衣服，保持老人清洁、无异味。
5. 为老人整理床铺、翻晒被褥。
6. 被褥、气垫、被单保持清洁、平整、干燥、柔软、无碎屑。
7. 为老人洗澡或擦身，每周一至两次。夏季气候炎热时，每日洗澡或擦身，并为老人每日擦席。
8. 搀扶行走不便的老人上厕所，防止摔伤。
9. 视天气情况，每天带老人到户外活动或接受光照 1～2 小时。
10. 饭菜、茶水供应到床边，按时喂饭、喂水、喂药。
11. 提供 24 小时专门护理，确保各项治疗护理措施的落实。
12. 细心观察并掌握老人饮食、起居及思想情绪、精神状态等情况。
13. 对痴呆老人根据情况定时巡视，防止随意外出或发生意外。
14. 餐具和茶杯严格消毒，老人的毛巾、面盆做到经常清洗，便器用后及时倾倒并定时消毒。
15. 对易发生坠床、座椅意外的老人，应提供床栏、座椅加绳托等保护器具，确保安全。
16. 对患病老人严密观察病情变化，制定针对性护理措施，并做好记录，防止并发症的发生。
17. 为老人开展针对性个体康复活动。

● 而在专门护理中，主要与床接触的有翻身，换衣服，大小便。

▶ 专门护理的老人

● **翻身**　动作要求：抬手，屈膝，侧翻

一、双手平放腹部

二、两腿屈膝

三、护理人一只手伸入腰部，另一手伸入股下将老人抬起

四、一手扶肩一手扶膝，翻身向侧卧

五、在老人的背部放一软枕，以维持体位

六、胸前放一软枕，支持前臂。

七、上腿屈膝，下腿伸直略弯曲，垫以软枕，防止两腿之间相互受压及摩擦

▶ **专门护理的老人**

● **情景：翻身**

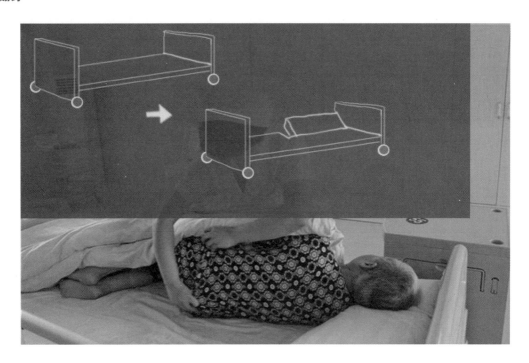

▶ **专门护理的老人**

● **情景：换衣服**

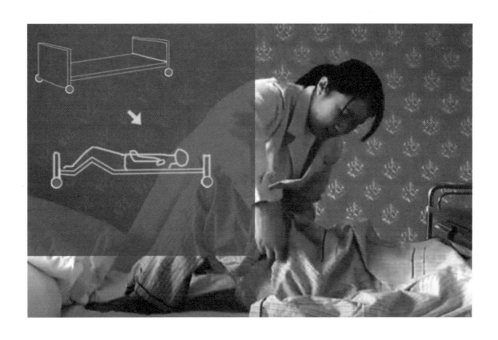

▶ **专门护理的老人**

● **情景：大小便**

增加坐便器

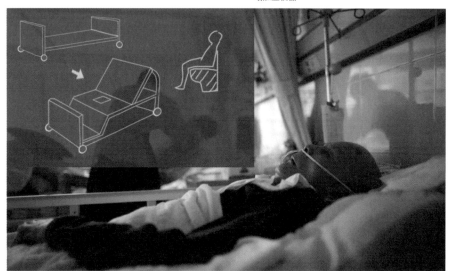

小结

▶ **老人生活是个动态过程的转变**

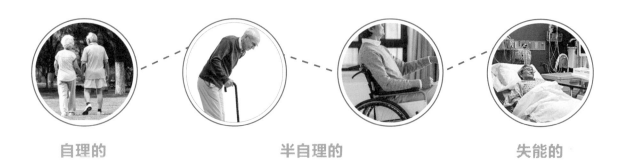

自理的　　　　　　　　半自理的　　　　　　　失能的

● 随着年龄的变化，老人慢慢地从不需要护理到需要护理的动态转变。

养老院老人床分析

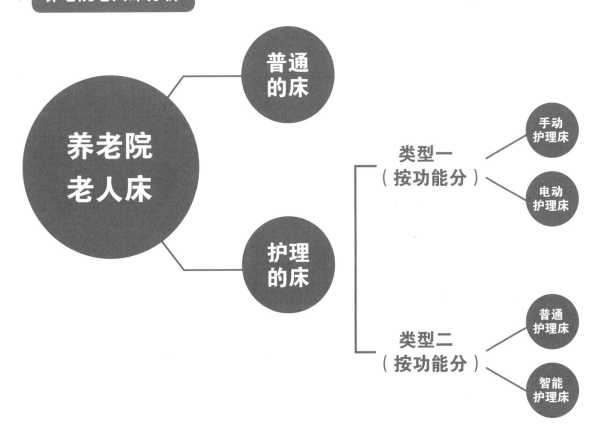

▶ **养老院老人床分析**

● 01：分类

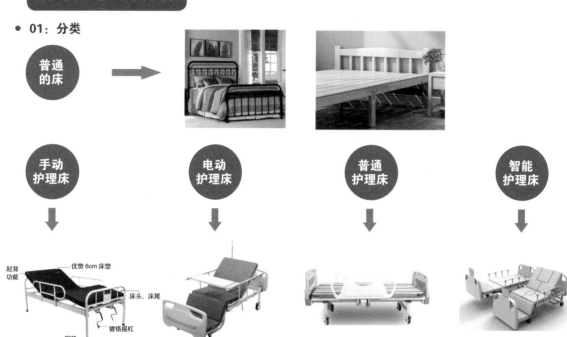

▶ **现有护理床**

● 02：价格与销量（数据来源：天猫）

	价格	销量
普通的床	240 ～ 688 元	60%
手动护理床	500 ～ 1200 元	70%
电动护理床	2000 ～ 4000 元	20%
智能护理床	19000 ～ 25000 元	5%

老人与护理床的关系

不需要护理的老人 → 抵触心理 没家感觉 → 护理床

护理床 → 功能浪费 增加成本 → 不需要护理的老人

老人与护理床的关系

二级护理床 → 功能不够 → 一级护理床

一级护理床 → 功能过剩 → 二级护理床

专门护理床 → 功能过剩 → 一级护理床

一级护理床 → 功能不够 → 专门护理床

▶ **养老院老人床分析** ● 01：人

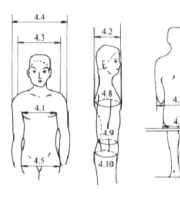

年龄分组百分位数 测量项目	男（16～60岁）							女（18～55岁）						
	1	5	10	50	90	95	99	1	5	10	50	90	95	99
4.1 胸宽	242	253	259	280	307	315	331	219	233	239	260	289	299	319
4.2 胸厚	176	186	191	212	237	245	261	159	170	176	199	230	239	260
4.3 肩宽	330	344	351	375	397	403	415	304	320	328	351	371	377	387
4.4 最大肩宽	383	398	405	431	460	469	486	347	363	371	397	428	438	458
4.5 臀宽	273	282	288	306	327	334	346	275	290	296	317	340	346	360
4.6 坐姿臀宽	284	295	300	321	347	355	369	295	310	318	344	374	382	400
4.7 坐姿两肘间宽	353	371	381	422	473	489	518	326	348	360	404	460	478	509
4.8 胸围	762	791	806	867	944	970	1 018	717	745	760	825	919	949	1 005
4.9 腰围	620	650	665	735	859	895	960	622	659	680	772	904	950	1 025
4.10 臀围	780	805	820	875	948	970	1 009	795	824	840	900	975	1 000	1 044

人体水平尺寸

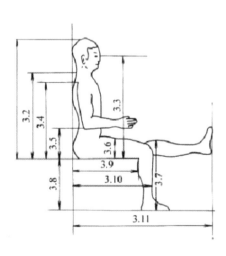

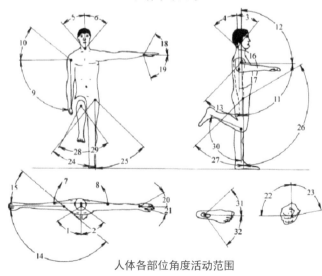

人体各部位角度活动范围

人体工程分析 ● 02：物

● 床

普通床

长宽
1980mm×1200mm

护理床

长宽高
2115mm×960mm×520mm

床头柜

长宽高
500mm×400mm×450mm

人体工程分析 ● 03：人与物

普通的

护理的

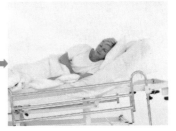

▶ **人体工程分析** • **04：物与环境**

卧室

老人卧室的面宽一般为 3600mm 以上，其净尺寸应大于 3400mm，这样是为了保证床与对面家具之间的距离大于 800mm，以便轮椅通过。

老人卧室的进深尺寸也应适当加大，单人卧室通常不低于 3600mm，双人卧室宜大于 4200mm。

衣柜

一般衣柜的高度通常为 560 ～ 600mm，柜开启门的宽度为 450 ～ 500mm，一组双门衣柜长度在 900 ～ 1000mm 左右。

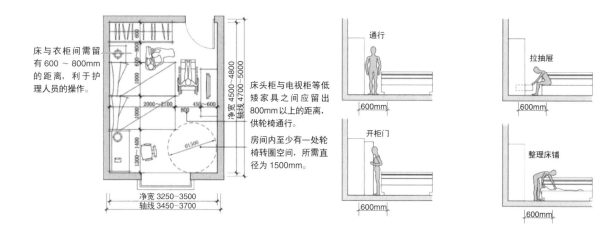

床与衣柜间需留有 600 ～ 800mm 的距离，利于护理人员的操作。

床头柜与电视柜等低矮家具之间应留出 800mm 以上的距离，供轮椅通行。

房间内至少有一处轮椅转圈空间，所需直径为 1500mm。

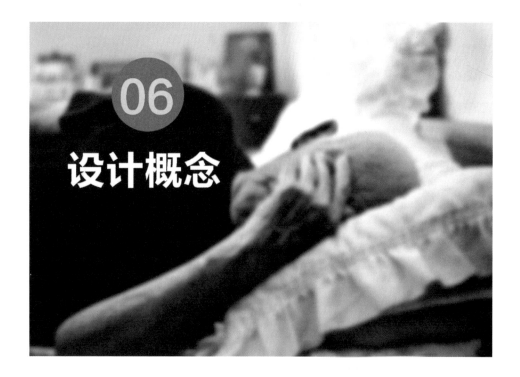

06

设计概念

▶ **设计概念**

　　老年人生活往往是从不需要护理到需要护理的动态转变，因此我的设计概念是为老人设计一款可以在不同阶段增加不同的模块来满足功能的模块化床。

●模块化的演变过程（三级普通床——二级护理床——一级护理床——专门护理床）

▶ **模块化意义**

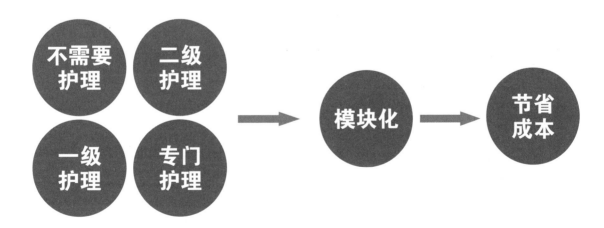

● 老年人生活的床是从普通床向护理床的过程变化，至少需要更换2～4张床

● 模块化后只需要一张床，节省成本

▶ **模块化意义**

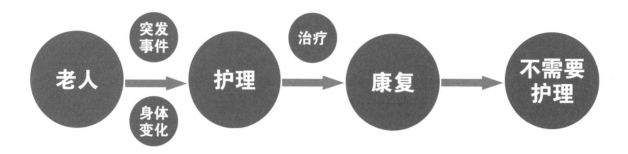

- 情况一：由于老人突发情况而转变为需要护理的人，经过治疗康复后，老人恢复到原来的正常状态而又转变成不需要护理的人。

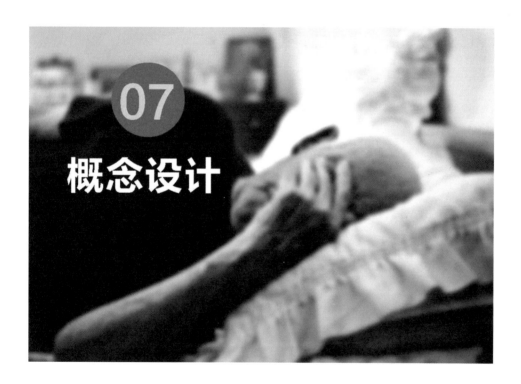

▶ **结构参考**　　　电机参考

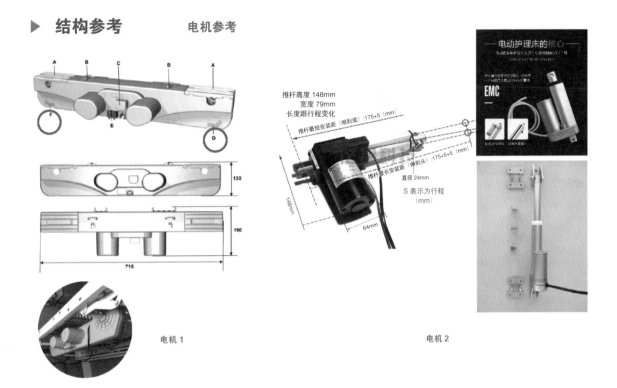

电机 1　　　　　　　　　　　　　　　　　电机 2

▶ **翻身结构参考**

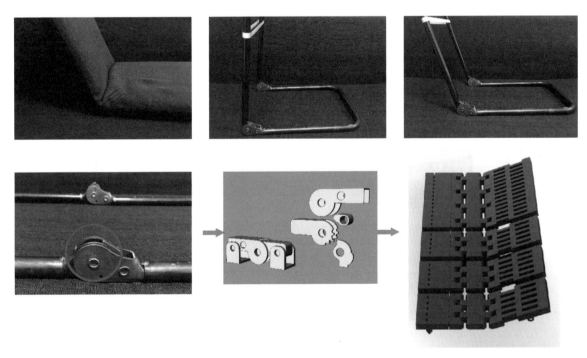

▶ **床架与床沿结构**

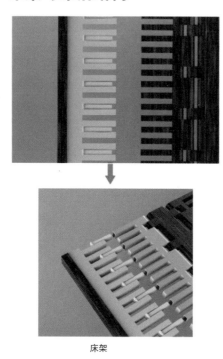

床架

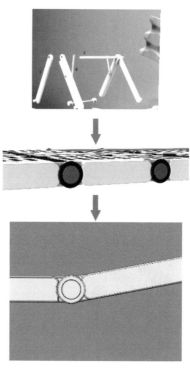

床沿

▶ **床的状态**

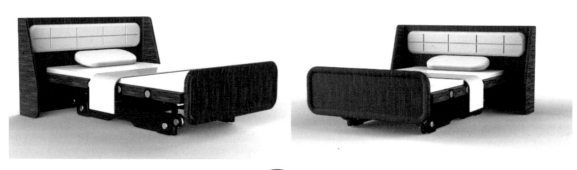

不需要护理状态

▶ **床的状态**

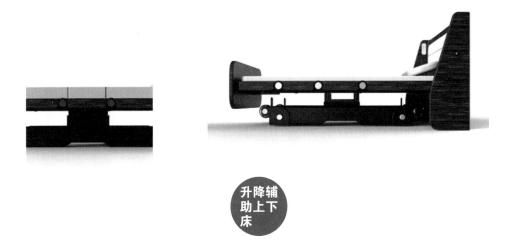

升降辅助上下床

▶ **床的状态**

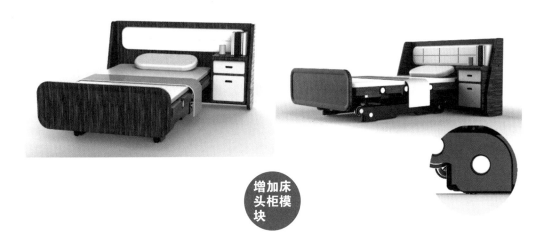

增加床头柜模块

▶ **床的状态**

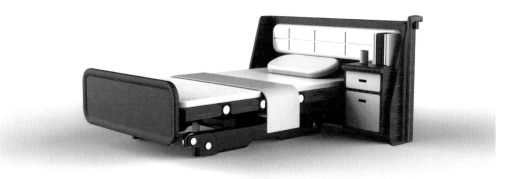

增加放置拐杖模块

▶ **床的状态**

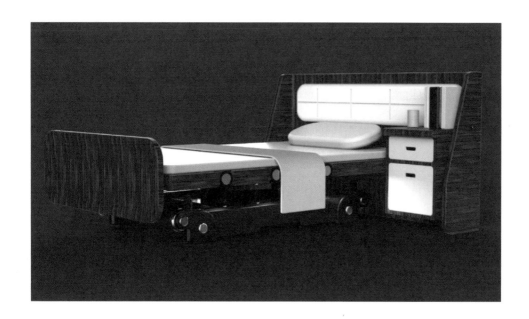

增加灯
光照明

▶ **床的状态**

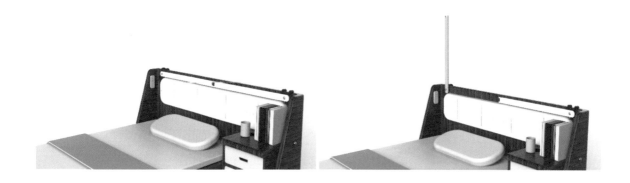

增加
输液架

▶ **床的状态**

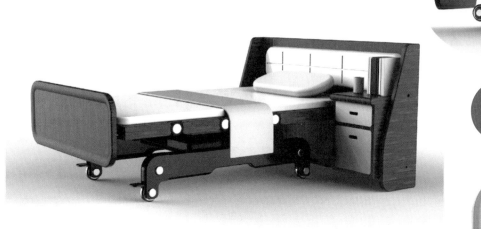

滑轮
模块

▶ **床的状态**

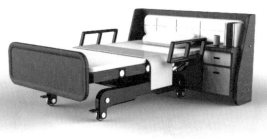

护栏
模块

▶ **床的状态**

平滑静音滑轮且双轮托升

电动推杆

起背功能

▶ **床的状态**

抬脚功能

▶　**床的状态**

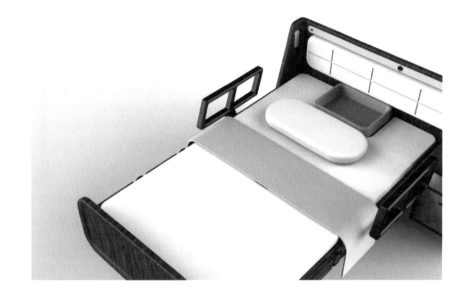

▶　**床的状态**

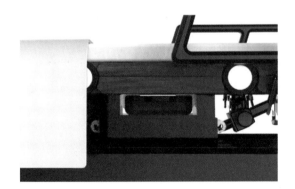

▶ **床的状态**

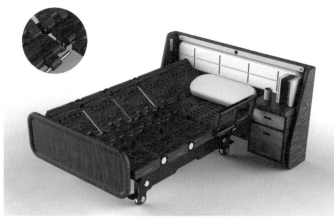 

翻身功能

▶ **床的状态**

▶ **床的状态**

（学生作业截图）

第十三届全国美术作品展作品

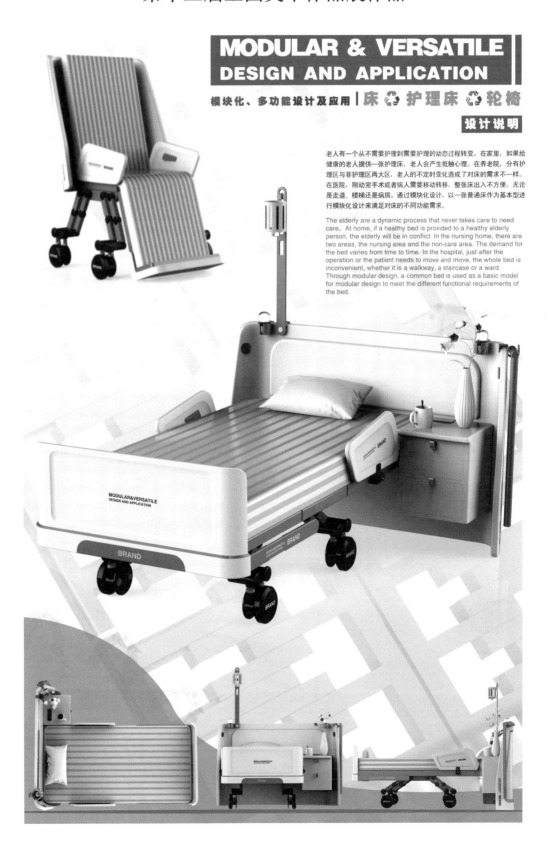

MODULAR & VERSATILE
DESIGN AND APPLICATION

模块化、多功能设计及应用 | 床 ♻ 护理床 ♻ 轮椅

设计说明

老人有一个从不需要护理到需要护理的动态过程转变。在家里，如果给健康的老人提供一张护理床，老人会产生抵触心理。在养老院，分有护理区与非护理区两大区，老人的不定时变化造成了对床的需求不一样。在医院，刚动完手术或者病人需要移动转移，整张床出入不方便，无论是走道、楼梯还是病房。通过模块化设计，以一张普通床作为基本型进行模块化设计来满足对床的不同功能需求。

The elderly are a dynamic process that never takes care to need care. At home, if a healthy bed is provided to a healthy elderly person, the elderly will be in conflict. In the nursing home, there are two areas, the nursing area and the non-care area. The demand for the bed varies from time to time. In the hospital, just after the operation or the patient needs to move and move, the whole bed is inconvenient, whether it is a walkway, a staircase or a ward. Through modular design, a common bed is used as a basic model for modular design to meet the different functional requirements of the bed.

问题分析   MODULAR & VERSATILE DESIGN AND APPLICATION   模块化、多功能设计及应用

•老人在起床时需要借助助力器 •老人在起床时需要适合的高度下床 •老人平时需要置放水杯、书本和药品 •当老人在床上洗脚时需要起背及屈膝 •老人起床后需要方便拿到拐杖行走

•老人在生病时需要用到输液架输液 •老人在床上用餐时需要用到餐桌用餐 •老人生病时需要外出看诊或治疗 •需要护理的老人得在床上完成洗头动作

•老人起床后需要方便拿到拐杖行走 •需要护理的老人在床上完成换衣动作 •需要护理的老人在床上完成翻身动作 •需要护理的老人在床上完成大小便动作
•需要护理的老人需要护栏防止睡觉时摔倒

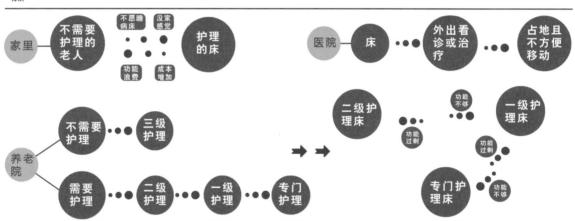

模块化过程

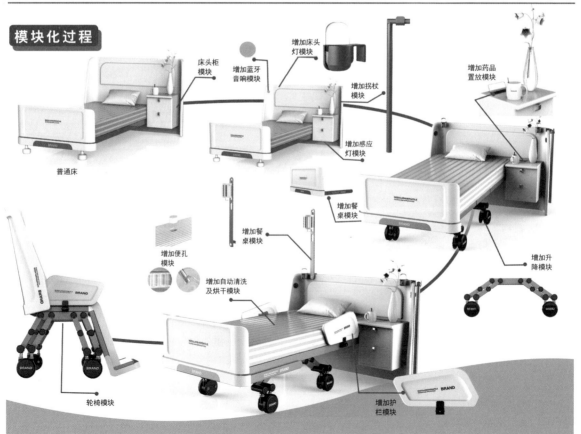

功能解析
MODULAR & VERSATILE
DESIGN AND APPLICATION

模块化、多功能设计及应用

床头柜模块
● 挂扣结构

拐杖模块
● 卡扣结构

床头灯模块
● 挂扣结构

感应灯模块
● 卡扣结构

拉手模块
● 提手的高度考虑尽可能减少老人的弯腰程度

置放模块
● 药品和水杯放置

升降模块
● 四连杆结构

● 两组平行四边形的结构，相互牵制，相互联系，又恰恰符合人机工程中人与物的关系。以此用尽量少的电机产生尽量多的变化，以此来适应不同的地形及行为

输液架模块
● 挂扣结构

餐桌模块
● 伸缩翻转结构
● 利用步进电机与齿轮之间的动作实现翻转
● 可翻盖起来当作支架

护栏模块
● 翻转结构
● 点击按钮进行实现翻转

便孔模块
● 增加自动清洗及烘干模块
● 挂扣一次性带有消毒包的大小便袋子

轮椅模块
● 插接结构
● 利用贯通式步进电机带动螺杆进行收缩
● 轮椅后背卡扣的连接方式

起背屈膝
● 起背及屈腿
● 利用步进电机与齿轮之间的动作实现起背

● 两组平行四边形的结构，相互牵制，相互联系，又恰恰符合人机工程中人与物的关系。以此用尽量少的电机产生尽量多的变化，以此来适应不同的地形及行为

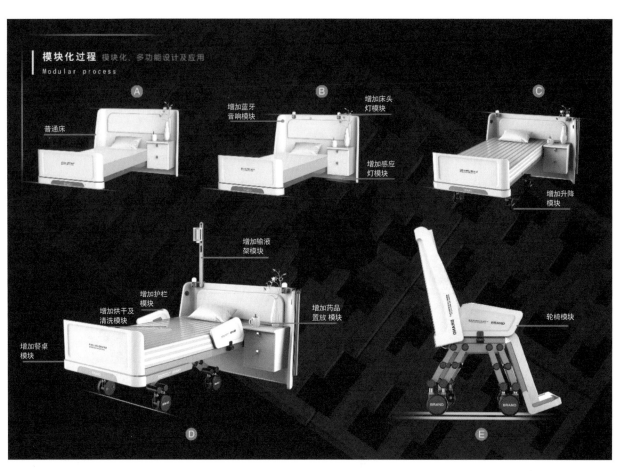

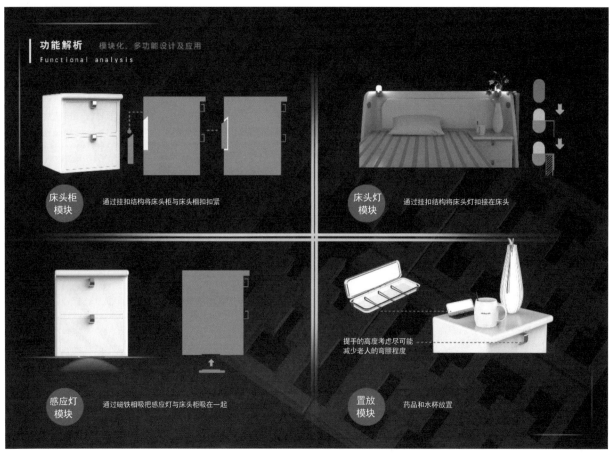

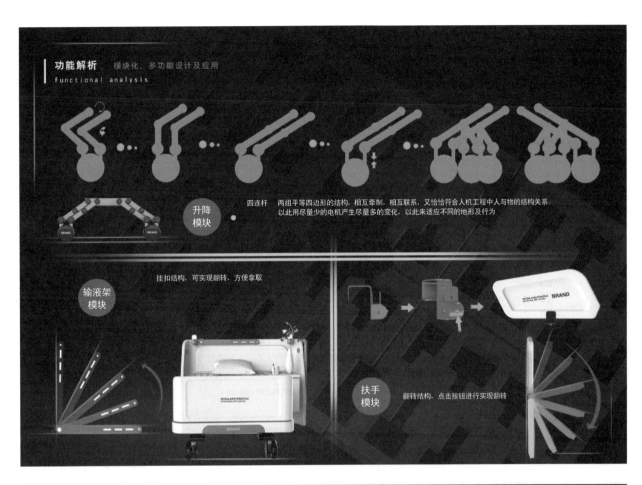

功能解析 模块化、多功能设计及应用
Functional analysis

升降
模块

四连杆　两组平等四边形的结构，相互牵制，相互联系，又恰恰符合人机工程中人与物的结构关系。以此用尽量少的电机产生尽量多的变化，以此来适应不同的地形及行为

挂扣结构，可实现翻转，方便拿取

输液架
模块

扶手
模块　翻转结构，点击按钮进行实现翻转

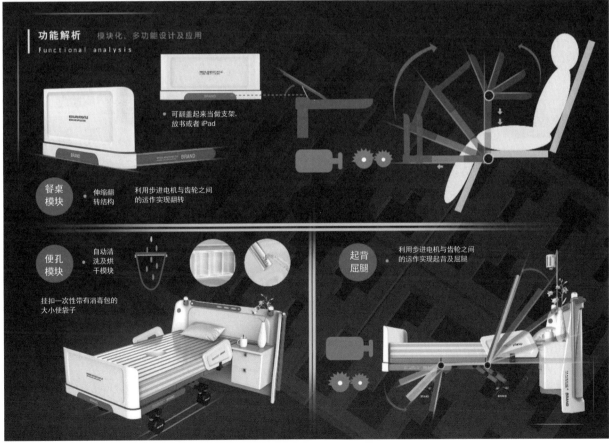

功能解析 模块化、多功能设计及应用
Functional analysis

• 可翻盖起来当做支架，放书或者 iPad

餐桌
模块　伸缩翻转结构　利用步进电机与齿轮之间的运作实现翻转

便孔
模块　自动清洗及烘干模块

挂扣一次性带有消毒包的大小便袋子

起背
屈腿　利用步进电机与齿轮之间的运作实现起背及屈腿

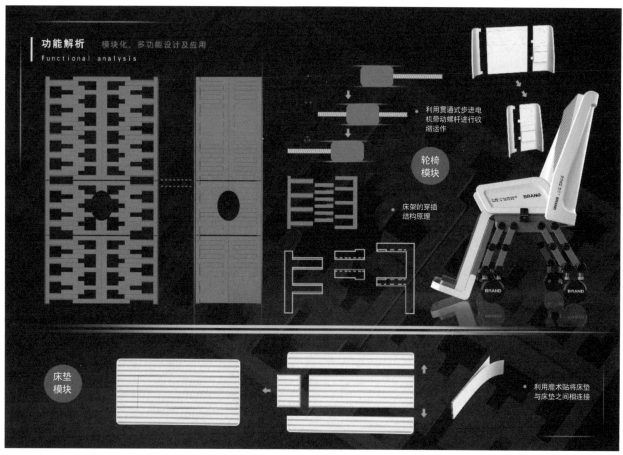

功能解析 模块化、多功能设计及应用
Functional analysis

利用贯通式步进电机带动螺杆进行收缩运作

轮椅模块

床架的穿插结构原理

床垫模块

利用魔术贴将床垫与床垫之间相连接

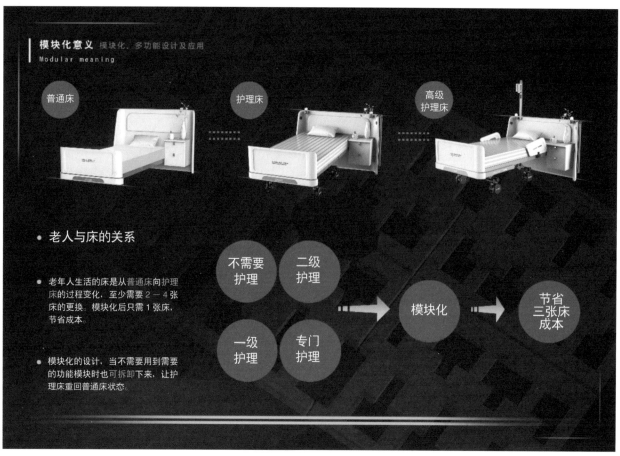

模块化意义 模块化、多功能设计及应用
Modular meaning

普通床   护理床   高级护理床

老人与床的关系

老年人生活的床是从普通床向护理床的过程变化，至少需要2—4张床的更换。模块化后只需1张床，节省成本。

模块化的设计，当不需要用到需要的功能模块时也可拆卸下来，让护理床重回普通床状态。

不需要护理   二级护理   一级护理   专门护理   模块化   节省三张床成本

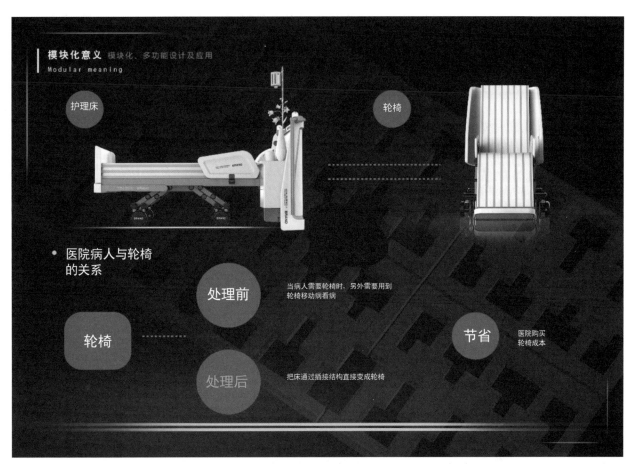

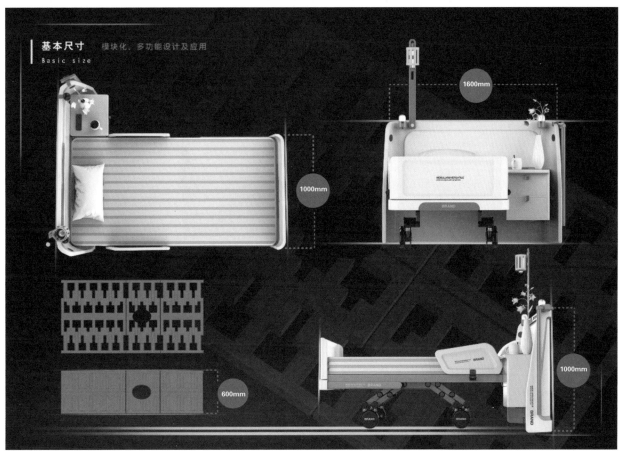

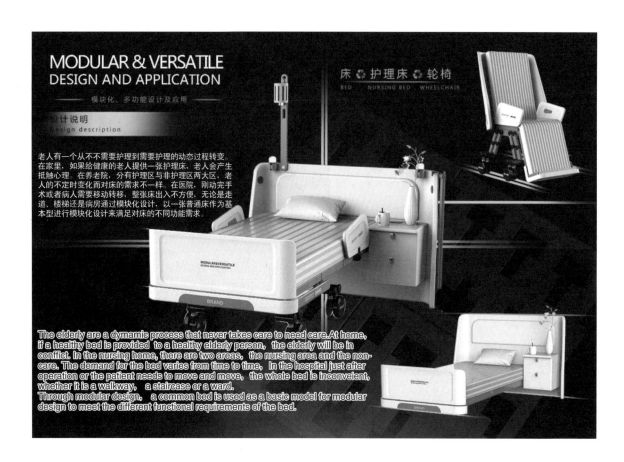

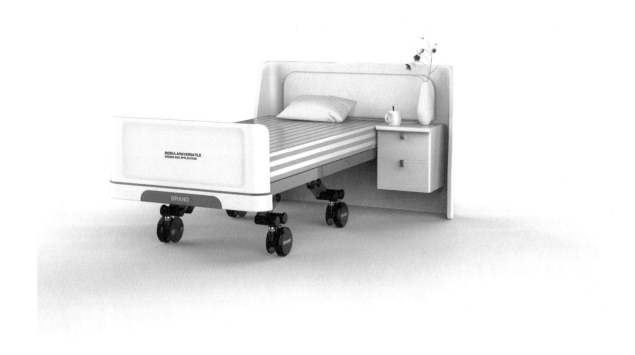

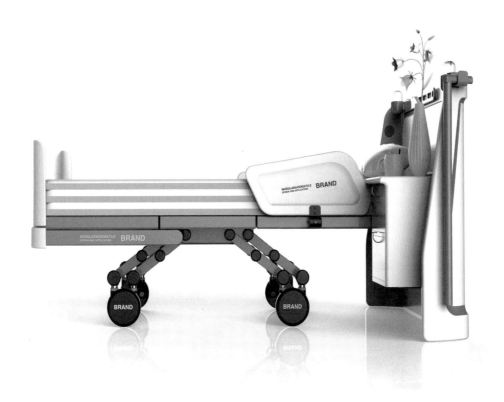

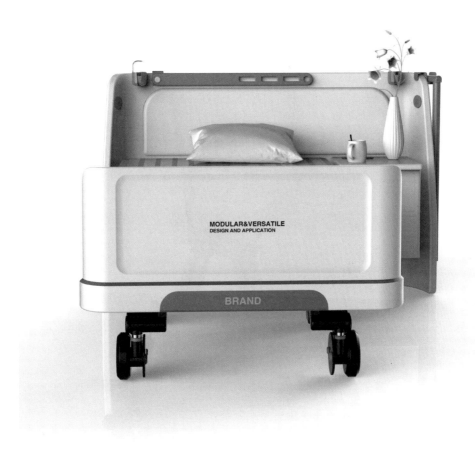

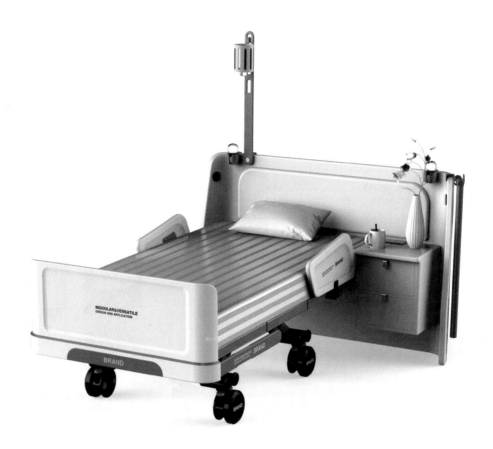

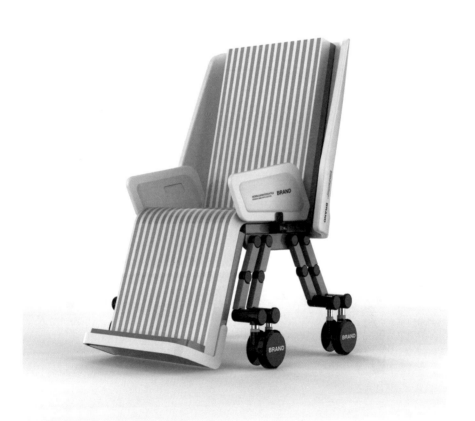

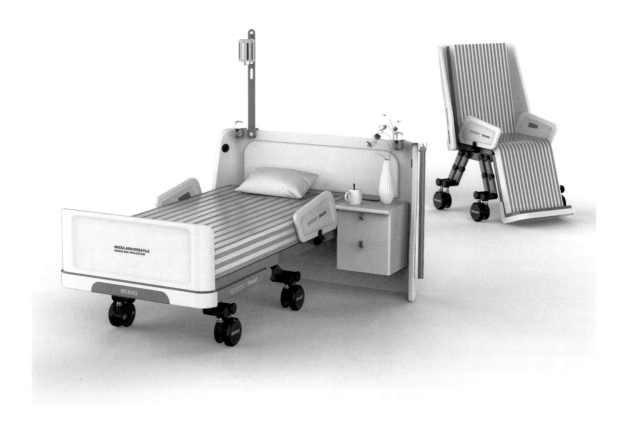

（学生参加全国美术作品展作品截图）

─[**第五章　设计概念与概念设计**]─

1. 设计的不同阶段及其内容

设计通常分为这样几个阶段：桌面研究、用户研究（调研）、设计概念、设计、评测、实施等。其中桌面研究、用户研究属于设计前期准备阶段，其目的是定性主要问题，为设计提供依据。设计概念和设计又统称为设计阶段，这一阶段需要将前期提供的依据用设计语言的形式来进行表达。

设计概念不是设计要求，也不是设计指标，它是结合设计要求或者设计指标以具体的形式、手段来体现设计对象结果的构想。因此，设计的品质就是由设计概念的品质决定的，而设计概念的品质又是由设计师的心智、知识面、经历、专业技能和独特的个性以及观念决定的。设计师以独有的艺术、技术素养和基于对设计内容的全面了解，以及对设计中所面临的诸多问题进行思考、判断，从而提炼出主题，并使之成为设计的主导思想贯穿整个设计。

设计的这几个阶段几乎成为一个标准的流程，但不等于经过这一系列流程就一定能找到设计的创意和做出优秀的设计。虽然设计是一种实用型科学，不以追求"真理"为己任，但是设计终究还是存在着具有共识性的经典与平庸之别，而对此起着关键作用的就是设计概念。

在这几个阶段中大家关注更多的就是前期的调研工作，包括桌面研究、用户研究、用户体验等，他们认为只要做好了前期的这些工作就能获得创意，因为有了大量的问卷、访谈和调研数据就一定能从中找到问题，找到了问题就等于找到了创意。这种方式不免让人想起一些刑侦方面的影视剧。首先尽量收集案件的各种证据，然后进行分析、推理，最后结果水落石出。要知道设计的创意不是靠推理出来的，也不是靠对问题的排查检查出来的，也许在这个过程中我们会找到一些问题，但不是所有问题都能构成设计的创意。当然，对热衷于这方面研究的现象可以理解，他们希望通过程式化的方法解决设计创意的问题，但是我们也应该了解，有些问题的问题是问题本身的问题，有些则是问题之外的问题，也就是说问题的性质、内容不尽相同。以前期的调研工作为例，包括用户研究、用户体验等，我们在做问卷、访谈等调研工作之前将会根据问卷、访谈、调研的内容设计一个列表，然后根据列表的内容进行调研，这无疑说明我们的调研首先是主观的，就如同记者采访一样首先准备了一份采访内容，然后按照拟定的采访内容进行采访，可是一些根本性的问题或许就不在采访的内容之中，这样的结果可想而知。这就是问题的问题所在，即调研方法本身的科学性问题决定了其调研的结果。另一方面是我们自身的知识结构和知识面的问题，我们之所以认为是问题是因为我们的知识结构和知识面没有涵盖这方面，否则，问题就在你眼前也不会发现。

例如电影放映机的发明。电影放映机的发明有多个版本的说法，有说是1887年，发明家爱迪生受到显示器的启发，制成了第一台只允许一人通过小窗口观看的"放映机"，叫作活动电影放映机（Kinetoscope）。它是一种早期电影显示设备，它的形状像长方形柜子，上面装有一个突起的透视镜，里面装着蓄电池和带动胶卷的设备；胶片绕在一系列纵横交错的滑车上，以每秒

46幅画面的速度移动；影片通过透视镜的地方，安置一面大倍数的放大镜。观众从透视镜的小孔里观看时，急速移动的影片便在放大镜下构成一幕幕活动的画面。

　　爱迪生的员工威廉·肯尼迪·迪克森在1889年和1892年之间极大程度地发展了这个技术。迪克森和他在爱迪生实验室的团队也同时设计了活动电影摄影机，这是一个创新的电影摄影机，可以连续地拍摄图像。在内部试验拍摄电影后，最终诞生了商业的活动电影放映机。

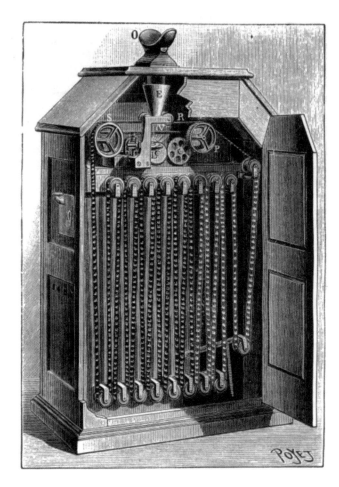

活动电影放映机（Kinetoscope）

　　1894年4月，第一家电影院在美国纽约市百老汇大街正式开幕。这个电影院只有10架放映机，每场只能卖10张票。结果电影院前人山人海，人们以一睹"电影"为荣。然而，这种"电影"不能投影于幕上，观众数量很有限，图像也不清晰。因为它是让胶片不停地经过片门，而不是以"一动一停、一动一停"的方式经过片门。爱迪生对自己发明的这台"放映机"也很不满意，也想解决胶片传送方式的问题，但一时束手无策。

　　也有说电影机是奥古斯特·卢米埃尔和路易·卢米埃尔兄弟发明的。19世纪末，许多人都在研究制造一种能使银幕人物活动的"活动电影机"，然而他们却被一个关键技术"卡"住了，原来电影放映时，影片并不能像传送带那样不停地经过放映机的片门，如果让影片不停地经过片门，那么银幕上就会一片混乱。要清除这种混乱，让形象清晰地投射到银幕上去，

1894—1895年旧金山的一个活动电影放映机放映点

就只能让影片做"一动一停"的间歇运动。怎样来解决这个技术难题呢？法国科学家卢米埃尔兄弟苦苦思索着，他们进行了一次又一次的试验，但都失败了。有一次路易·卢米埃尔无意地摆弄起房间里的缝纫机，就在摆弄缝纫机的一瞬间，他突然什么都明白了，当缝纫机针插进布里时，衣料不动；当缝纫机针缝好一针向上收起时，衣料就向前挪动一下，这不是跟胶片传送所要求的方式很相像吗？缝纫机缝衣服时，衣料在做着的就是"一动一停"的间歇运动。

不管怎样，1895年，卢米埃尔兄弟获得了电影放映机的发明专利。1895年12月28日，他们于巴黎卡普辛大街14号大咖啡馆的印度厅第一次进行公众场合的放映，当天放映了他们自己拍摄的影片《工厂大门》《火车到站》等，这一天被认为是电影的诞生日。

2. 概念与设计概念

在此，到底是谁发明了电影放映机并非我们关心和讨论的主题，我们关注的是卢米埃尔兄弟解决问题的方式，这种方式让我们感到不知是庆幸还是担心。试想如果路易·卢米埃尔的房间没有缝纫机又会怎样？或者他没有摆弄缝纫机又会怎样？又或者他摆弄了缝纫机但并没有引起他的联想又会怎样？毕竟这种解决问题的方法是偶然得之，并且还有些幸运的色彩。因为它必须具备这样一些条件，即：他的房间有缝纫机，他摆弄了缝纫机，他观察到了缝纫机"一动一停"的现象，他具有回答这一现象的机械原理的知识，更重要的是他还需要有这样的联想能力等。否则，缺乏任何一个条件都不可能产生这种偶然且幸运的结果。由此可见，发现问题一定是我们知识结构中已经包含了相关的知识，而所谓创意方法是基于一些成功案例的总结与相关思维形式进行的匹配，并且以此形成一种方法用于对以后设计创意的指导。但是如果我们的知识结构中不包含相关的知识，我们说的任何一种思维方法都将是无效的方法，我们生活中常说的"触类旁通"的道理就是如此。不过要想说明"触类旁通"这种在思维上的特殊形式和微妙关系，我们就不得不从认知的方法、概念的分类和思维的形式开始，因为只有揭示了这种"类"与"类"的关系以及能让它们产生思维上联系的条件，才有可能让"偶然"成为"必然"。

可是问题在于我们现在想从认知的方法、概念的分类和思维的形式开始形成设计概念也不是一件容易的事。这倒不是因为它们本身有什么问题，而是我们根本没有办法回答我们已有的知识是怎么获得的，以及其认识的过程这样的问题。这说明认识的过程与结果之间存在着牺牲过程保存结果的现象。这就是知识的特点，它必须去掉个人的一切因素，包括你是如何认识的以及认识的过程等。如汽车、发动机、下雨、柳树等不管你是如何认识的、在什么地方认识的、在多大年龄认识的，作为知识它都具有相同的定义、相同的概念。然而，对于思维而言这无疑又是一个障碍，过程、情节、场景等往往都是能让我们产生联想的基本条件，如电影《拯救大兵瑞恩》（*Saving Private Ryan*）中士兵瑞恩对米勒中尉说自己甚至想不起来他刚刚牺牲的三个哥哥的样子，米勒中尉对他说你要想你与他们一起做过的事情。士兵瑞恩通过一段发生在谷仓里的回忆，不但成功记起了他三个哥哥的样子，并且连很多的细节，诸如哥哥们的面目表情和肢体动作等都历历在目。

与卢米埃尔兄弟发明电影放映机的例子相比较，也许你认为以上例子不是一个典型的例子，甚至不属于同一类型的思维形式。瑞恩的问题是记忆系统在特定条件下对信息提取的失败，并且这种失败是建立在一定的前提之下的，即士兵瑞恩在他的前瞻性记忆系统中从来没有想过或者说从来没有预料到他会失去他的哥哥。另一方面，在提取信息的过程中由于受到"迫切性"的心理干预而"直奔主题"。这种"直奔主题"的方式无疑是将情景记忆的提取方式变成了语义记忆的提取方式，也就是说将原本"有血有肉"的记忆对象转变成抽象的、纯粹的符号对象。我们知道情景记忆是个人性质的，是按事件发生的时间、地点、环境等组织的，它的特点是对背景比较敏感。而语义记忆是知识性的，是按照类别、属性等抽象规则组织的，它必须抛弃所有的个人因素。当"哥哥"变成我们知识中一种泛义的、抽象的符号时，自然就会排斥各种具体的形象。

而在卢米埃尔兄弟发明电影放映机的例子中，路易·卢米埃尔发现的是缝纫机"一动一停"的工作原理与放映机相同。原理是抽象的、纯知识性的，它并不涉及它们具体的形状或者形式，对它的认识也是通过一种知识对另一种知识的解释而获得的。但是，所有这些都只是针对结果而言，此时你可以说缝纫机与放映机"一动一停"的工作原理都属于同一类，可问题是人们的记忆系统和知识系统并不会以工作原理来分类，它们是依据其属性、用途等进行分类。实际生活中缝纫机与放映机无论如何都不会在同一个类别之中，无论是形状还是用途，它们甚至没有相同的地方。因此，对于信息的提取和思维方式而言，这种分类形式实际上已经为思维划定了范围。

可见，在卢米埃尔兄弟发明电影放映机的例子中既有它必然性的结果，也有它偶然性的结果。它的必然性是指：他们具备对缝纫机"一动一停"

的工作原理的了解，以及具备应对这种工作原理的变化并利用的能力。同时，在思维上由于他们将所有的注意力都放在"一动一停"的工作原理上，任何"一动一停"的现象都必定引起他们的关注。而它的偶然性却是来自知识本身的特点，即我们的知识一部分是以概念的形式储存于我们大脑之中，而另一部分储存于外部的对象之中，它需要我们的知觉系统与外部事物的相互作用。作为思维的两种形式，我们一方面是"带着问题"而想，这种思维形式在我们的生活中占着主要地位，而另一种形式则是由外部事物引起我们思维的联想和推理。所谓"触类旁通"正是这两者的完美结合。

卢米埃尔兄弟虽然找到了解决放映机问题的方法，但是并不等于这就是设计，更不等于设计创意，我们不能将一堆零部件仅仅只按照其工作原理进行组合就能称之为产品，一个能称之为产品的东西一定是以市场和用户为前提的，工作原理只是实现产品的第一步，其中功能是我们要实现的具体内容，而形式才是内容的表达方式，至于用何种形式来表达则取决于对象，否则就是一个原理实验品。

以市场和用户为前提而不是以调研为前提，调研只是针对我们不清楚或不了解的对象，这就如同我们写作不需要查阅每一个认识的字一样。市场的存在是基于人们的需求，这种需求同样也不是事先就存在的，而是基于人性的欲望，之所以存在是因为科技进步、发展以及设计师等对人性欲望的利用和开发。用户对产品的使用则是设计师站在用户的角度以用户的方法解释设计，它是基于用户的认知、理解，以及用户的生理、心理等特点。为了更好地理解这些关系，我们将以"特殊人群产品设计"的专题课程教学为例，透过从桌面研究、用户调查、用户体验等标准设计流程，探讨发现问题和解决问题的方法与设计创意的关系，特别是在明确了所有问题的情况下，如何建立一个能表达设计内涵的概念，并且在设计概念的指导下有层次、有主次地解决问题。

"特殊人群产品设计"课程的教学任务是把特殊人群作为专题研究的对

象，其研究人群的范围如老人、儿童、残疾人以及其他群体特征明显的特殊群体。具体内容分为群体特征研究和特定产品设计两大部分。教学重点在通过对特殊人群行为特征的分析研究，准确地挖掘人群的潜在需求，并在此基础上提出合理的解决方案，完成产品的设计。难点在于对解决方案的切入点选择，以及据此完成的产品的特征构建。教学目的是在学生原有对设计的认知基础上，增强学生对产品设计的更加深刻的理解，培养他们深入完成产品设计的能力，提升学生的设计分析能力和设计技能。

在课题中学生选择下肢残疾的人使用的轮椅为设计对象，通过桌面研究、用户研究和用户体验等一系列的调研，取得了大量的数据，包括照片、录像资料等，再经过对各环节的针对性分析，找到功能上存在的一些问题，并明确了需要改进的部分。

目录

01. 目标人群分析
细分

```
                                              ┌── 单腿缺失
                              ┌── 下肢缺失 ──┤
                              │                └── 双腿缺失
                              │
         下肢残疾 ───────────┤── 瘸脚
                              │
                              │                ┌── 单腿瘫痪
                              │                │
                              └── 下肢瘫痪 ──┤── 单边瘫痪
                                               │
                                               │── 高位瘫痪
                                               │
                                               └── 低位瘫痪
```

01. 目标人群分析
身体机能

	手	腰腹	腿
单腿缺失	▬	▬	▬
双腿缺失	▬	▬	▭
瘸脚	▬	▬	▬
单腿瘫痪	▬	▬	▬
单边瘫痪	▬	▬	▬
高位瘫痪	▬ / ▭	▭ / ▭	▭ / ▭
低位瘫痪	▬	▬	▬

01. 目标人群分析
补缺方式

单腿缺失	双腿缺失	单边瘫痪	瘸脚 / 单腿瘫痪	高位瘫痪	低位瘫痪

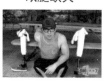

01. 目标人群分析
补缺方式

	拐杖	义肢	手动轮椅	电动轮椅
单腿缺失				
双腿缺失				
瘸脚				
单腿瘫痪				
单边瘫痪				
高位瘫痪				
低位瘫痪				

01. 目标人群分析
身体机能与补缺方式对比分析

	手	腰腹	腿		拐杖	义肢	手动轮椅	电动轮椅
单腿缺失				单腿缺失				
双腿缺失				双腿缺失				
瘸脚				瘸脚				
单腿瘫痪				单腿瘫痪				
单边瘫痪				单边瘫痪				
高位瘫痪				高位瘫痪				
低位瘫痪				低位瘫痪				

01. 目标人群分析
身体机能与补缺方式对比分析

拐杖：一条腿功能健全，且残疾腿部一侧手臂功能较健全；双下肢机能均未完全丧失，
　　　且上肢机能较健全。

义肢：下肢缺失。

手动轮椅：上肢机能和腰腹机能较为健全。

电动轮椅：上肢机能尚未完全丧失。

02 针对人群与载体
For the crowd and the carrier

02. 针对人群与载体
针对载体

	手	腰腹	腿		拐杖	义肢	手动轮椅	电动轮椅
单腿缺失	■	■	■	单腿缺失	■	■	■	■
双腿缺失	■	■	□	双腿缺失	□	■	■	■
瘸脚	■	■	■	瘸脚	■	□	□	□
单腿瘫痪	■	■	■	单腿瘫痪	■	□	■	■
单边瘫痪	■	■	■	单边瘫痪	□	□	■	■
高位瘫痪 [	■ / □	□	□	高位瘫痪 [	□	□	■	■ / □
低位瘫痪	■	■	■	低位瘫痪	■	□	■	■

02. 针对人群与载体
针对人群

	手	腰腹	腿		拐杖	义肢	手动轮椅	电动轮椅	
单腿缺失	■	■	■	单腿缺失	■	■	■	■	自理能力强
双腿缺失	■	■	□	双腿缺失	□	■	■	■	
瘸脚	■	■	■	瘸脚	■	□	□	□	
单腿瘫痪	■	■	■	单腿瘫痪	■	□	■	■	
单边瘫痪	■	■	■	单边瘫痪	□	□	■	■	自理能力弱
高位瘫痪 [	■	□	□	高位瘫痪 [	□	□	■	□	
低位瘫痪	■	■	■	低位瘫痪	■	□	■	■	

自理能力中

02. 针对人群与载体
针对人群

适合双腿缺失或低位瘫痪的残疾人使用的载具

03 产品定义
Use environmental analysis

03. 产品定义
生理与心理相互关系

生理 —— 下肢残疾 ┌ 生活无法自理
　　　　　　　　　　　　　 —— 自卑、愧疚、怨天尤人 —— 心理
　　　　　　　　　└ 弱于常人

04. 设计载体分析
分类

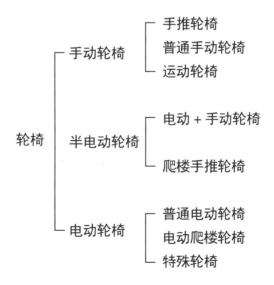

- 轮椅
  - 手动轮椅
    - 手推轮椅
    - 普通手动轮椅
    - 运动轮椅
  - 半电动轮椅
    - 电动 + 手动轮椅
    - 爬楼手推轮椅
  - 电动轮椅
    - 普通电动轮椅
    - 电动爬楼轮椅
    - 特殊轮椅

04. 设计载体分析
分类

手推轮椅

普通手动轮椅

运动轮椅

电动 + 手动轮椅

爬楼手推轮椅

普通电动轮椅

电动爬楼轮椅

特殊轮椅

04. 设计载体分析
优缺点

		优点	缺点
手动轮椅	手推轮椅	体积较小，可折叠，最轻便，所需活动范围小	使用者无法独自移动，不能独自出行，无法应对特殊地形
	普通手动轮椅	体积较小，轻便，灵活，所需活动范围小	不适合独自远行，无法应对特殊地形
	运动轮椅	体积较小，轻便，很灵活，所需活动范围小	不适合独自远行，舒适度较差，无法应对特殊地形
半电动轮椅	电动 + 手动轮椅	较灵活，所需活动范围中可以独自远行	无法应对特殊地形
	爬楼手推轮椅	在旁人帮助下可爬楼梯	使用者无法独自移动或独自出行
电动轮椅	普通电动轮椅	可以独自远行，舒适度高	较笨重，无法应对特殊地形，所需活动范围大
	电动爬楼轮椅	可以独自远行，舒适度高，可对独自上下楼梯	笨重，所需活动范围大，上下楼梯不能保证安全性，价格较贵
	特殊轮椅	有独到优点	造价很贵，难以普及

04. 设计载体分析
优缺点

	优点	缺点
手动轮椅	体积小，轻便，灵活，所需活动范围小	不适合独自远行
电动 + 手动轮椅	综合了手动和电动轮椅的优点	相对手动轮椅较重，灵活度较弱；相对电动轮椅续航能力较弱，舒适度较弱
电动轮椅	可以独自远行，舒适度高	较笨重，所需活动范围大

04. 设计载体分析
价格与销量

	价格	销量
手动轮椅	300 ~ 1200 元	70%
电动 + 手动轮椅	1800 ~ 2500 元	20%
电动轮椅	2000 ~ 8000 元	10%

05. 行为分析研究

日常生活

行为

特殊场合

05. 行为分析研究
日常生活

残疾人使用马桶如厕时十分困难

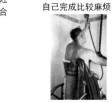

适合常人使用的灶台的高度并不适合残疾人使用

洗澡需要家人帮助，自己完成比较麻烦

起床—穿衣—上轮椅—洗漱—如厕—吃早餐—出门散心—看书—做饭—吃饭—洗澡—上床

卧室　　　　卫生间　　客厅　　楼梯间　书房　厨房　客厅　卫生间　卧室
　　　　　　　　　　　　　　　小区　　书店
　　　　　　　　　　　　　　　广场　　图书馆
　　　　　　　　　　　　　　　商场
　　　　　　　　　　　　　　　……

上下轮椅困难

适合常人的洗漱台高度不适合坐着轮椅的残疾人使用

出行很不方便，面对特殊地形时难以自行

不能取放较高位置的书

05. 行为分析研究
特殊场合

握手、交谈、拥抱等行为由于无法站立会造成许多不便

朋友聚会，生日聚会　　握手、拥抱、交谈、喝酒、吹蜡烛，蛋糕大战

舞台、婚礼、葬礼　　　演讲、送进场、默哀

正式场合时，使用者会关注轮椅的外观
人们往往会更关注残疾人的身份而不是他们的才华

06. 生理结构与人机工程研究
人

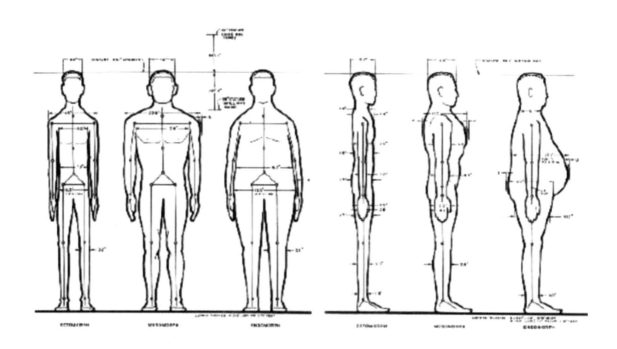

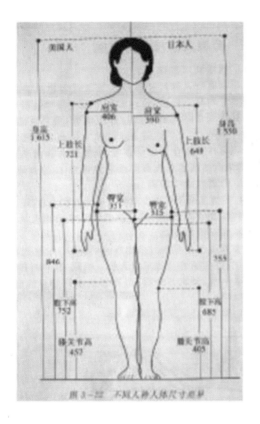

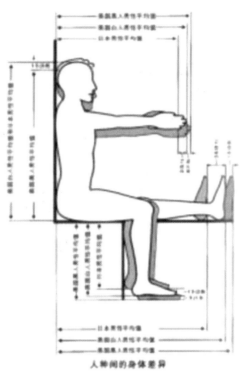

06. 生理结构与人机工程研究
人

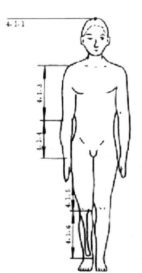

表1　人体主尺寸（男）														mm

测试项目 \ 百分位数 年龄分组	18～60岁							18～25岁						
	1	5	10	50	90	95	99	1	5	10	50	90	95	99
4.1.1 身高	1543	1583	1604	1678	1754	1775	1814	1554	1591	1611	1686	1764	1789	1830
4.1.2 体重（kg）	44	48	50	59	71	75	83	43	47	50	57	66	70	78
4.1.3 上臂长	279	289	294	313	333	338	349	279	289	294	313	333	339	350
4.1.4 前臂长	206	216	220	237	253	258	268	207	216	221	237	254	259	289
4.1.5 大腿长	413	428	436	465	496	505	523	415	432	440	459	500	509	532
4.1.6 小腿长	324	338	344	369	396	403	419	327	340	346	372	399	407	421

06. 生理结构与人机工程研究
人与物——椅子

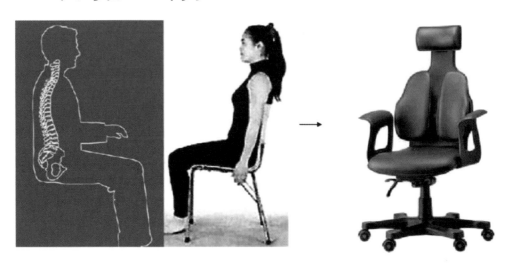

06. 生理结构与人机工程研究
人与物——自行车垫

06. 生理结构与人机工程研究
人与物——轮椅

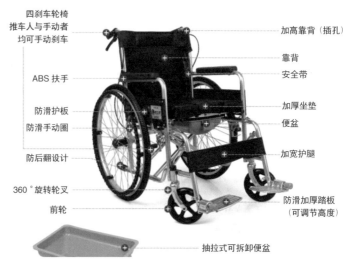

06. 生理结构与人机工程研究
物与环境——轮椅

从现有轮椅参考尺寸

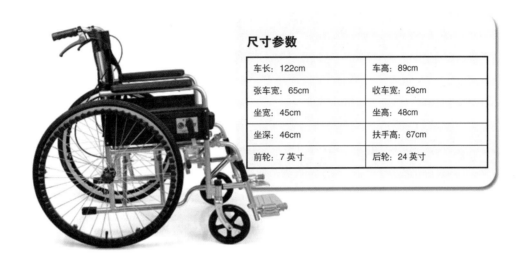

尺寸参数

车长：122cm	车高：89cm
张车宽：65cm	收车宽：29cm
坐宽：45cm	坐高：48cm
坐深：46cm	扶手高：67cm
前轮：7 英寸	后轮：24 英寸

06. 生理结构与人机工程研究
物与环境——环境

门宽
一般住宅分户门 0.9 ~ 1m
分室门 0.8 ~ 0.9m
厨房门 0.8m 左右
卫生间门 0.7 ~ 0.8m
公共建筑的门宽一般单扇门 1m
双扇门 1.2 ~ 1.8m
门高
一般不低于 2m，再高也不宜超过 2.4m

楼梯
斜度 15 ~ 38

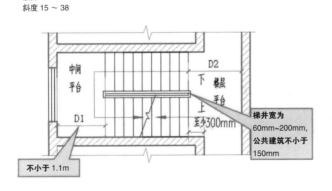

不小于 1.1m

中间平台

D1

D2

下 楼层 平台
上

至少300mm

梯井宽为 60mm~200mm，公共建筑不小于 150mm

单开全板
防火门

单开带玻
璃防火门

单开带亮
窗防火门

单开带玻
璃带亮窗
防火门

双开全板
防火门

双开全板
子母式防
火门

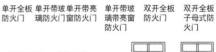

双开全玻
璃防火门

双开带玻
璃子母式
防火门

双开带亮
窗防火门

双开带玻
璃带亮窗
防火门

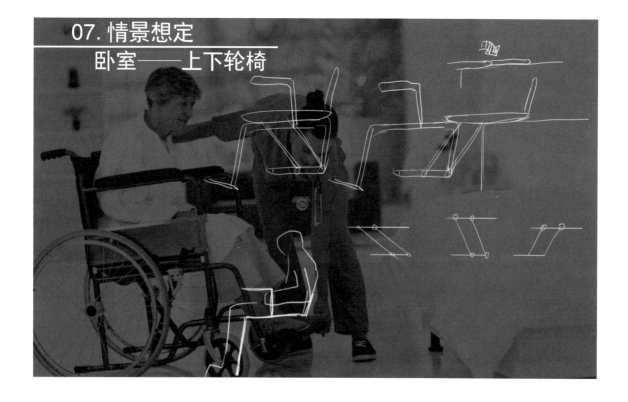

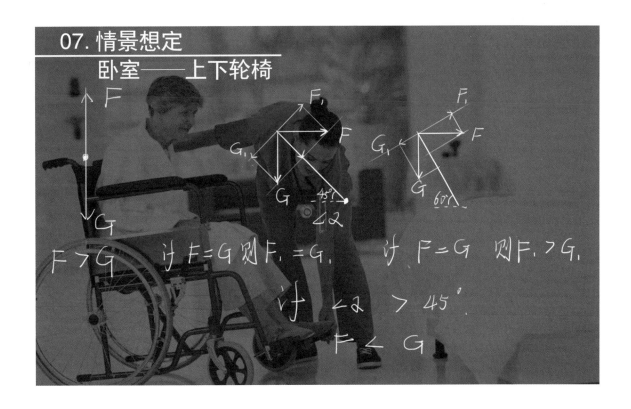

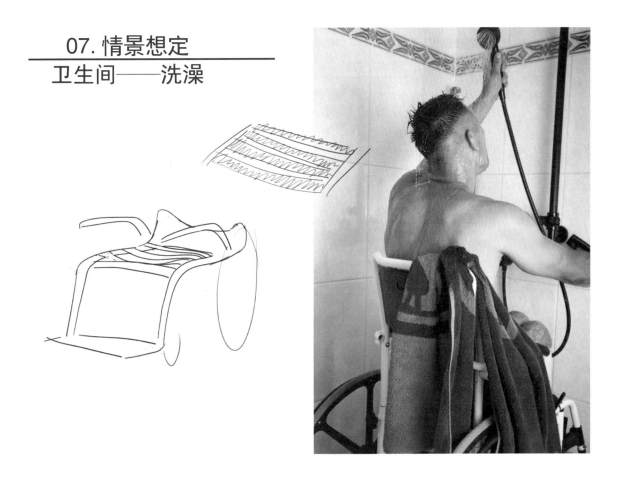

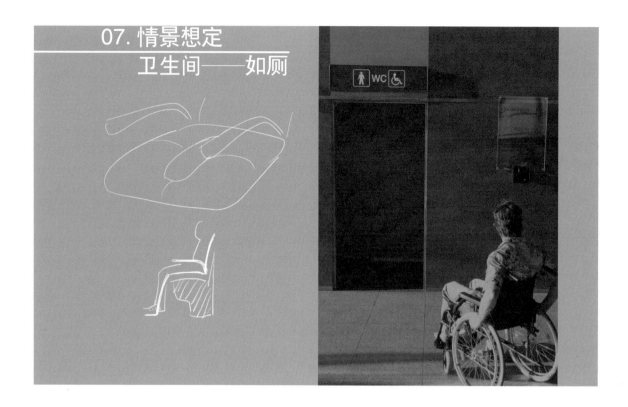

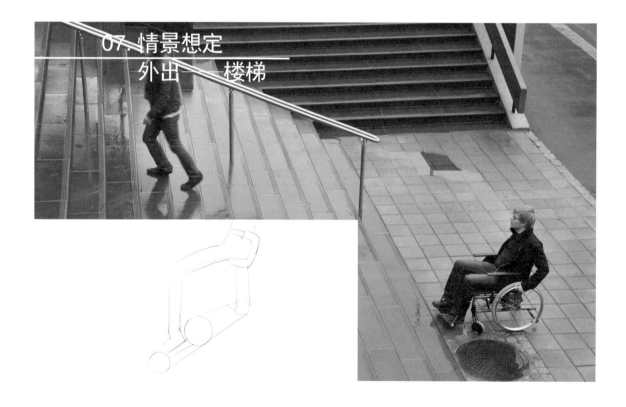

07. 情景想定
外出——斜坡

07. 情景想定
外出——台阶

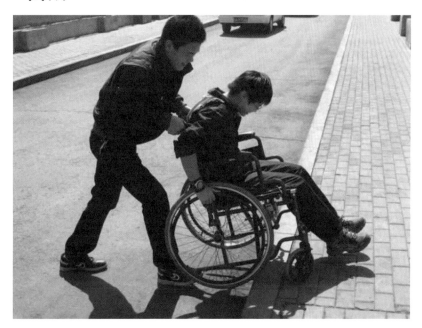

07. 情景想定
图书馆——取书

07. 情景想定
厨房——做饭

07. 情景想定
握手

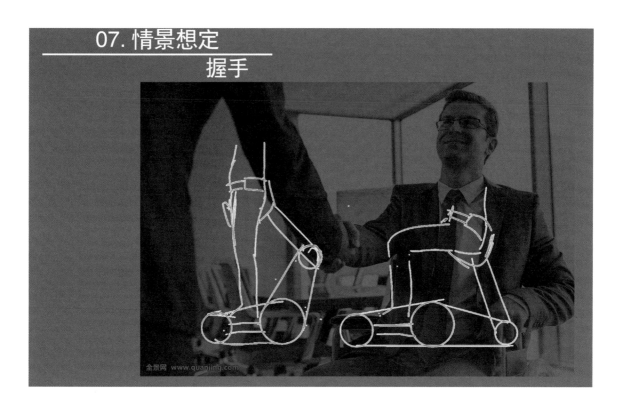

07. 情景想定
拥抱

07. 情景想定
舞台

（学生作业截图）

3. 设计概念与概念设计

虽然我们说过设计的创意不是调研出来的，但不等于不重视调研，恰恰相反，我们要非常重视调研。我们强调根据不同的设计对象、不同的性质、不同的内容等进行不同形式的调研，既要有调研的科学性和针对性，又要做到有的放矢而不是流于形式。在本案例中我们不仅要求学生做好桌面研究，同时我们还要求学生在调研的过程中认真做好观察与记录，尤其要做好视频记录，观察与记录也不限于轮椅和残疾人，还要包括他们生活的环境、设施、用品、生活习惯、生活内容等，有些场景现场感受不深或者会被忽视，视频记录会给我们再现场景，让我们在理性的情况下冷静地思考问题。教学中为了避免调研和作业流于形式，我们要求学生将发现的问题和解决的方法直接标注在调研的材料上，做到边调研、边分析、边思考、边记录，其目的就是使调研更具有体验性，使分析更为情景化，不至于遗漏问题的细节和瞬间产生的想法。同时让学生明白调研的材料不是好看的作业，调研的目的不是为了获取一些纸上数据，而是发现问题和解决问题。当然，学生呈现的作业也许是各种解决方案中最好的一种。但这不是教学的关键，能够通过此课程提高学生分析问题、解决问题的能力才是设计教学的关键。

尽管学生对桌面研究、用户研究以及其他存在的问题、解决的方案可谓考虑得面面俱到、一应俱全，甚至可以将存在的问题和解决方案排序、列表，但我们说过这些并不是设计的创意，这只是设计指标、要求或者应该解决的问题。设计不是将它们进行叠加而成，它需要一种能指导和控制它们的理念并由此成为设计的创意。如新加坡城市规划从"花园城市"（Garden City）到"花园中的城市"（City In A Garden）的概念转变。新加坡土地面积约718平方公里，总人口550万人，人口密度为7600人/平方公里（2014年数据）[①]。作为赤道沿线的热带城市和岛国，新加坡淡水、土地及各种自然资源匮乏，国家发展具有天然的局限性。虽然如此，人们的生活需求不会因此而削弱或减少，从居住、生活、休闲、娱乐到各种基础保障性设施等均不可或缺。自然条件是设计的前提，人们的需求是设计需要完成的指标和要求，但是城市建设不是指标、要求的叠加与平摊，更不能是无序的状态，它需要在一定的设计理念指导下实现各种需求和指标。新加坡城市规划的设计概念就是"花园城市"，随着社会的发展和"花园城市"的实现，新加坡政府又提出"花园中的城市"的愿景，在"花园城市"基础上更加注重生态自然的保护和连接城市环境的绿色空间，使其网络化和系统化，我们仅从字面就能够区别"花园城市"与"花园中的城市"所包含的不同内容和意义。

那么，面对诸多问题和要求的轮椅，首先我们就必须有一个具有创意的设计概念来指导设计，而怎么才能找到具有创意的设计概念就是我们研究的重点。"轮椅"是残疾人的"代步工具"或者"助行工具"，这就是

① 《浅谈从"花园城市"到"花园中的城市"》知识共享存储平台，https：//max.book118.com/html/2017/0220/92668299.shtm.

人们给它的定义，换言之它的作用是"代步"或者"助行"，性质是"工具"。我们所见的各种轮椅正是在这样的概念指导下设计完成的，无论是手动的还是电动的轮椅，甚至包括一些智能化的轮椅都大同小异，究其原因主要是缺乏一个具有创意性的设计概念，缺乏直面残疾问题的勇气，缺乏对问题全面的把握和对残疾人生理与心理的全面理解。因而只关注轮椅的功能性问题，认为解决好功能性问题就是体现了对残疾人的关爱。当然，轮椅的功能性是必须考虑的问题，但绝非轮椅设计的全部内容，功能性的问题也不仅仅只体现在好用，它还应该包括心理功能。其次是我们对轮椅的理解问题，与其说在思维上我们受制于"代步工具"的影响，还不如说受制于"工具"的影响，即一个可代步的工具。因为我们认为残疾人使用轮椅是无法改变的事实，不存在所谓心理问题，或许残疾人自己也察觉不到心理的问题。我们知道汽车的定义是"交通工具"，可是现实生活中有各种不同用途的汽车，也有造型各异的汽车，有些造型稳重大方，有些造型时尚前卫，不尽相同，同样是"代步工具"的轮椅为什么会大同小异呢？难道是"交通"与"代步"的区别吗？显然是因为我们潜意识里残疾人与正常人在使用"工具"上存在着本质的区别，正常人可以追求时尚前卫，而残疾人就不应该强调这方面，他们认为强调这方面就是突出残疾的事实，这就是我们认识与理解中存在的问题。 试想残疾人使用一个功能良好的轮椅，并且造型时尚前卫、回头率极高，甚至令正常人都羡慕，他的心理感受会如何呢？他的心理状态是难堪还是满足呢？为此我们在课题中做了针对性的探索，这也是本课题研究的意义所在。

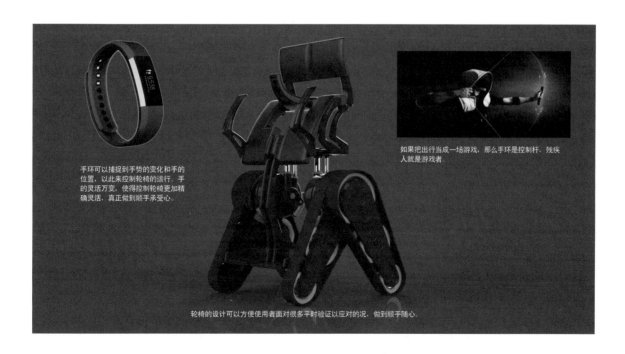

手环可以捕捉到手势的变化和手的位置，以此来控制轮椅的运行。手的灵活万变，使得控制轮椅更加精确灵活，真正做到顺手承受心。

如果把出行当成一场游戏，那么手环是控制杆，残疾人就是游戏者。

轮椅的设计可以方便使用者面对很多平时验证以应对的况，做到顺手随心。

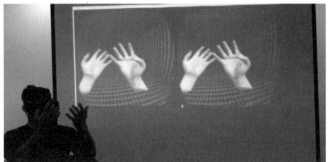

手势捕捉

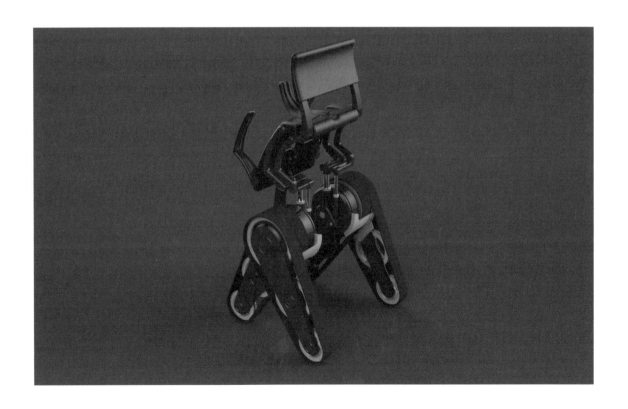

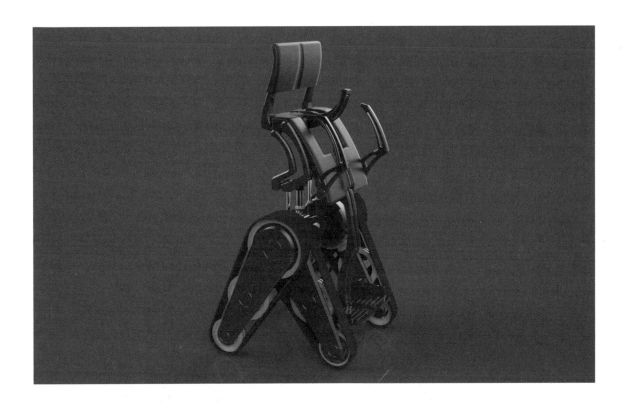

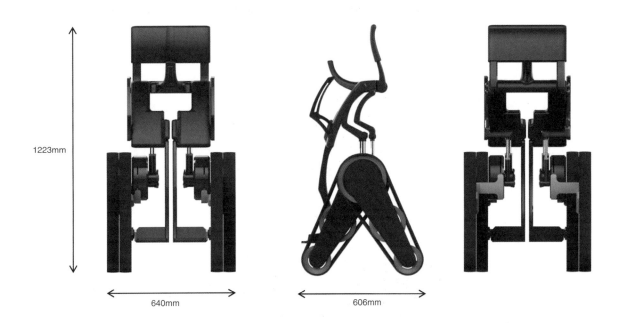

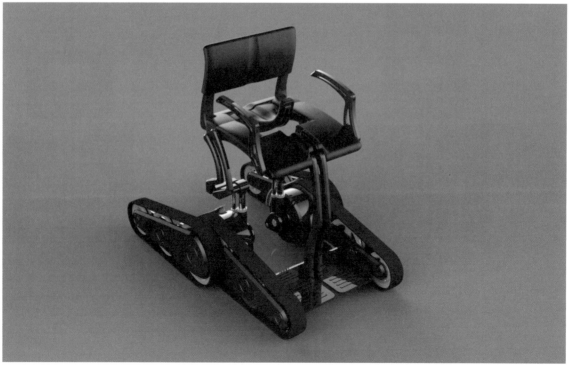

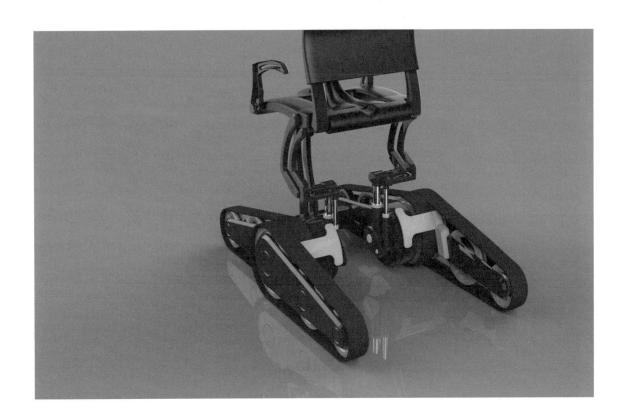

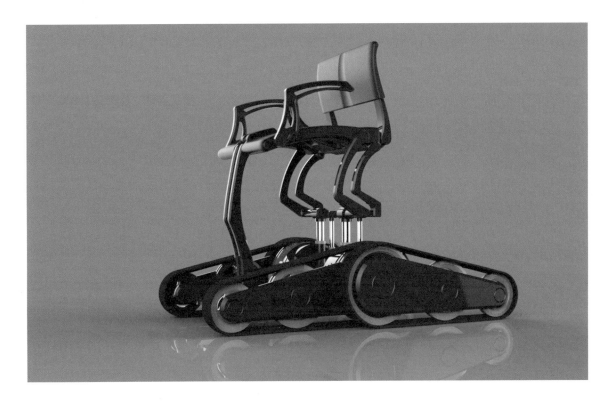

一侧两个履带轮共用驱动轮，内置电机

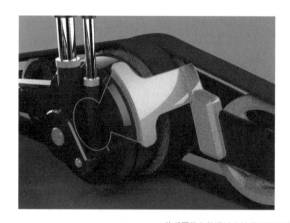 

前后履带方便通过连接件连接机箱，机箱内部电机控制履带角度

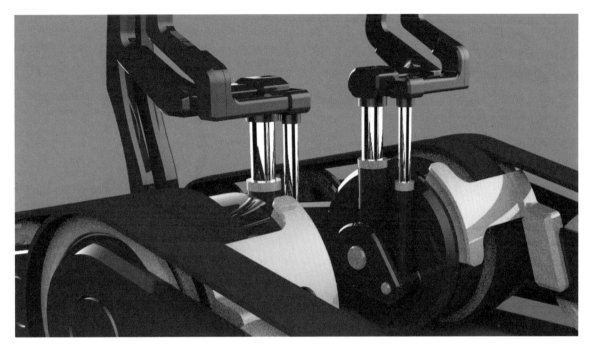

悬挂防震，保证行驶平稳

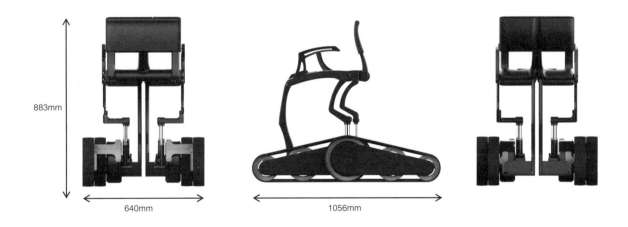

883mm

640mm

1056mm

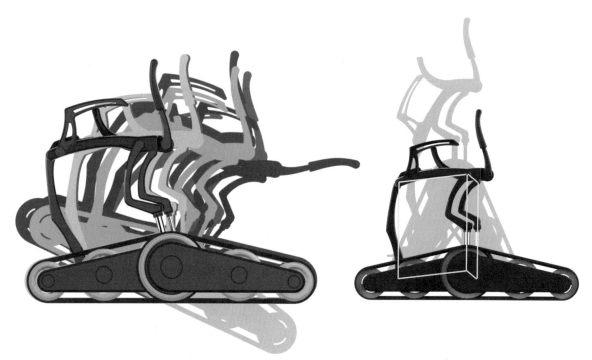

两组平等四边形的构件，相互牵制，相互联系，又恰恰符合人机工程中人与物的关系。以此用尽量少的电机产生尽量多的变化，以此来适应不同的地形及行为

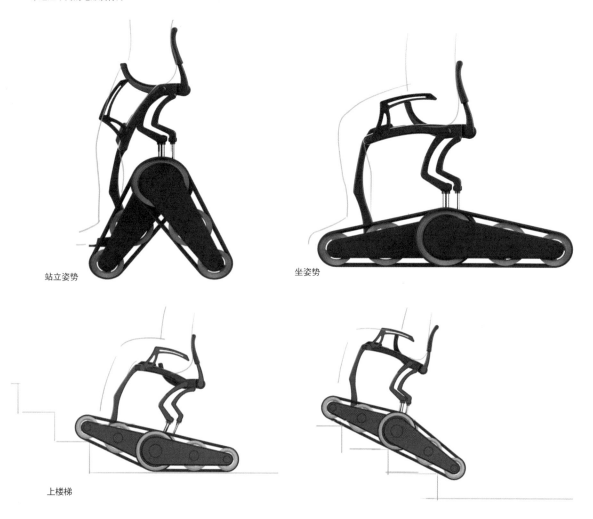

站立姿势　　　　　　　　　　坐姿势

上楼梯

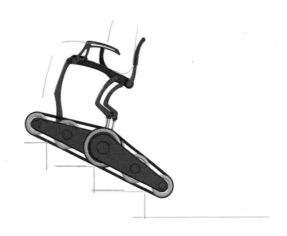

下楼梯

嵌入的坐垫在如厕前可取出。

如厕

前履带组能翘起将使用者送出，使用者按住扶手前推可轻松移动上床

上床

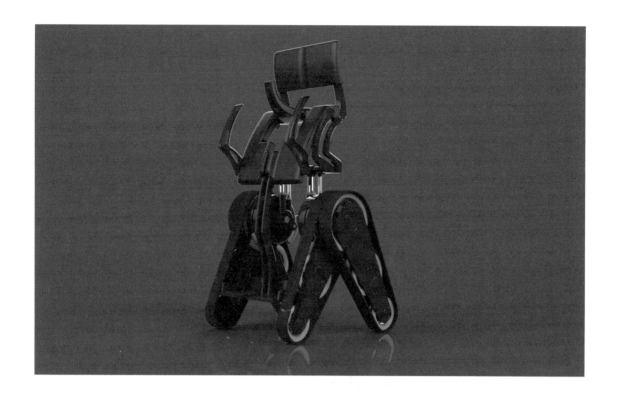

（学生作业截图）

设计概念与概念设计不是文字游戏，设计概念是设计的指导思想和灵魂，而概念设计则是在设计概念指导下以具体的形式对可行性的探索和呈现，是一种理想化的形式，同时也是设计概念演化和成熟的过程。

在"特殊人群产品设计"专题课程案例中，轮椅的设计概念是"令残疾人心里感到自豪，生活感到自如"，也就是说在这个设计概念中，实际上包含着两个方面的内容：其一是生理需求。让残疾人"生活自如"就不能孤立地考虑轮椅的功能性问题，要知道残疾人也有家庭和家人，这就意味着家庭环境中的家具和生活设施等都是按正常人的尺度购置的，这无疑会给残疾人的生活造成不便，如果为了照顾残疾人而将家具和生活设施的尺度调整为适合轮椅的高度显然不切实际，这也正是现有轮椅设计所存在的缺陷。而将轮椅的高度按正常人的家居环境设计显然也不合理，除了轮椅的重心、结构问题外，还要考虑生活中沙发、凳、椅、床等的尺度与衣柜、灶台、洗脸台等的尺度差，这些对于正常人而言可能都不是问题，对于残疾人来说却是实实在在的问题，因此解决问题的方法只能是轮椅必须具备升降功能，只有这样才能兼顾残疾人与其家人的正常生活。除此之外，轮椅的升降功能还必须具有一定的适应性，如残疾人如厕、沐浴等，以及残疾人的户外和社交等生活需求。其二是心理需求。心理需求的问题正是现有轮椅缺考虑的问题，因为人们不会认为残疾人使用轮椅是优势，因此设计的重点往往集中于人机工程的问题。其实生理功能与心理功能并不是截然分开的两个独立部分，使残疾人能够像正常人一样生活实际上就是帮助残疾人建立起生活的信心，像正常人一样生活就不能限制于家庭的环境之中，残疾人也需要走出去接触社会，这就更需要从功能上解决心理需求的问题，轮椅就不能打上残疾人专用的标记，而是需要造型新颖且功能多样、时尚前卫。尤其是在一些社交场合，轮椅不仅需要颜值，还需要功能的担当，如在与人交流的时候，轮椅的升降系统能使残疾人与正常人处在同一个视觉高度，残疾人潜意识里会感到与正常人是"平等"的。如此等等，我们只有正确地认识和理解残疾人的心理需求，以及用新的观念、从新的视角来思考问题，才能获得创新的设计概念，才能通过设计帮助残疾人建立起自信。